미래의 기억

시간은
더 이상
직선으로
흐르지 않는다

미래의 기억 · 2019년 개정판

이은래 · 지음

향하면 빗나간다!

— 인간과 과학에 대한 오해

'과학'이라는 이름의 종교

지금 가장 강력하게 영향력을 행사하는 종교는 무엇일까? 역사가 시작된 이후로 인간의 사회 속에서 종교 내지는 종교 비슷한 것이 없었던 적은 한 번도 없었다. 사회가 형성된 곳에는 반드시 종교가 있었다. 그리고 그러한 종교란 즉 다수의 사람이 모르고 있고, 극소수의 사람은 안다고 착각하는 어떤 내용, 그리고 나머지 다수의 사람들이 그 극소수는 제대로 알고 있다고 무턱대고 믿고 따르는 행위 이것이 바로 종교이며 종교행위이다. 그래서 대중들은 성직자나 사제, 그리고 현인들이 뭔가를 알고 있을 것이라고 막연하게 믿어왔다.

그렇다면 이 시대의 종교는 무엇인가?

이 시대의 사람들이 막연하게 믿는 것은 무엇인가?

그 어떤 시대보다도 이 시대의 사람들은 종교에 깊이 빠져 있다. 그 것은 바로 '과학'이라는 이름의 종교이며 그 특권층의 사제들은 바로 과학자들이다.

우리 같은 일반 대중은 복잡한 과학이론에 대해서 대부분 무지한 상태에 놓여 있다. 그래서 과학자의 말이라고 하면, 단지 몇몇 과학자의 동의를 얻기만 해도 그것을 맹목적으로 신뢰하고 추종한다. 무슨 신조처럼 말이다. 그래서 과거의 그 어떤 종교보다도 더 지독한 종교 ('과학은 반드시 옳다'는 도그마에 사로잡혀 있다는 점에서)가 되어버린 것이 바로 현대의 과학이다.

그리고 우리는 어려서부터 어설프게 배워온 몇 안 되는 법칙들이 과학의 전부라고 믿는다. 문제는 바로 여기에 있는 것이다. 과학을 맹목적으로 믿는다는 것에서는 별로 큰 오류가 없다. 하지만 너무나 조잡하고 편협한 몇 가지 법칙을 과학의 전부라고 믿기 때문에 문제가 된다. 과학이 인간이라는 존재와 광대한 우주에 대해서 시원스럽게 설명할 수 있는 부분이 얼마나 되는가? 사실 현대인들은 과학을 아는 것이 아니라 과학을 무작정 믿을 뿐인데 자신들은 과학을 안다고 착각하고 있다.

그런 점에서 나는 이 책을 서술하는 데 거리낌이 없었다. 나는 (흔히 쓰는 표현을 빌리자면) 비과학적인 이야기를 과학적인 것처럼 펼쳐 놓으면서 과학이라는 절대 확신의 철옹성을 무너뜨리려고 한 것이다.

솔직히 터놓고 말하자. 현재 우리의 사제들인 저들 과학자들조차도 진실이 무엇인지, 다시 말해 과학의 전체 모습이 무엇인지 모른다. 그들은 지금 장님이 코끼리를 만지듯이 그 느낌을 중계방송하고 있을 뿐이다. 그리고 그들과 똑같이 장님인 우리는 각자의 머릿속에다 각기 다르게 코끼리의 그림을 그리고 있다. 자신의 그림이 진리라고 굳게 믿으면서 말이다.

아직 모르겠다

현재의 과학을 3차원공학이라고 한다면 20세기를 거쳐 30세기에 이르는 동안 과학은 3차원에서 9차원까지, 아니 그 이상으로 존재할 수 있다. 어쩌면 9차원공학은 생명체를 다양한 차원으로 창조해낼지도 모르며 지금 우리가 믿고 있는 과학의 개념과는 완전히 다른 어떤 것일 것이다. 중세의 마법사들이 말한 연금술이 실체가 되는 현상을 지금의 과학으로 설명할 수 있겠는가?

그러니 혹시라도 이 책을 읽는 독자 중에 누구라도 이 글의 내용을 비과학적이라고 말한다면 나는 그와 한번 이야기를 나누고 싶다. 그가 과학에 대해 얼마나 많이 알고 있는지를 말이다.

종교학자가 원시적인 종교형태를 미신이라고 말하면 안 되듯이 과학자는 황당해 보이는 이야기라 해서 비과학적이라고 말할 수 없다. 단지 그들은 '아직 모르겠다'고 말해야 한다.

만약 어떤 독자가 이 글을 읽고 황당하다고 말한다면 나는 정말 그에게 황공무지로소이다. 너무나 잘 봐준 것이기 때문이다.

사실 황당할수록 정확한 것이다. 황당할수록 진실하다. 3차원공학의 우물 속에서 헤엄치고 있는 우리 현대인들에게는 황당한 모습일수록 더욱 진짜에 가까운 모습일 것이다. 신이 그렇고, 우주가 그럴 것이며, 진리가 그럴 것이다.

논리라는 오해의 도구를 거칠수록 진실에서 멀어질 뿐이다. 그런데 이상하게도 사람들은 이것을 설득력 있다고 말한다. 이것은 정말로 거꾸로 가고 있는 것 아닌가?

그래서 옛날 중국의 한 선사는 이렇게 말했는가보다. '향하면 빗나간다!'고 말이다.

"향하면 빗나간다!"

너무나 멋진 말이다. 설득력 있으면 틀린 것이다. 그럴 듯하면 거짓말이다. 공감대를 불러내면 사기술이다.

반면에 황당할수록 진실에 가깝다. 내가 이해하기 어려울수록 그것은 진리인 것이다. 내가 받아들이기는커녕 오히려 실소하기 딱 알맞으면 비로소 마음을 좀 놓을 수 있다. 진실의 냄새가 폴폴 풍기기에 말이다.

호는 자륜선군(慈侖仙君), 본명은 은래(恩來), 성은 이(李), 불명은 연화(蓮和), 자는 계명(啓明), 신호(神號)는 멜키, 코드네임은 엘림, 그리고 선호(船號)는 헬 엑스톤인 자가 삼가 고두례(叩頭禮) 올립니다.

차례

21세기

22세기

23세기

낯선 세계와의 대화를 위해…

지금 막 이 책을 펴들고 내가 오래 전에 타전한 이 기호들을 읽고 있는 당신은, 이미 나의 시간 속으로, 내가 보여주려 하는 공간 속으로 한걸음 내디딘 것이다.

내가 당신에게 보여줄 시공간은 이제까지 당신이 경험해온, 그리고 당신이 지금 이 기호를 따라가고 있는 현재의 연장선에 있다. 하지만 당신의 기질이나 낯선 어떤 것을 대하는 성향에 따라 조금 다르게, 혹은 많이 다르게 다가올 것이다.

그러나 누구나 다 내가 보여주려 하는 시공의 현장을 '볼 수 있는 것'은 아니다. 또 보았다고 해서 누구나 다 '인지할 수 있는 것'도 아니며, 인지했다고 해서 이 시공을 '체험할 수 있는 것'도 아니다.

이 책을 집어 든 사람 중 몇몇은 바로 당신이 읽고 있는 이 기호들을 읽지 못하고, 작은 따옴표로 묶인 앞 문장을 읽는 순간 흥미를 잃고 책을 덮어버렸다.

그들이 서너 줄의 문장을 보고 이 책의 내용에 흥미를 잃고 계속 읽을 필요가 없다고 생각했다면 그건 전적으로 내 잘못이다. 당신들과 함께 있기도 하지만 동시에 너무 많이 떨어져 있는 내가 그들의 흥미를 끌 수 있는 코드를 제대로 장치하지 못했기 때문이다.

그런 사람에게는 용서를 구한다. 부디 다른 현세적인 기호들에서 즐거움을 찾을 수 있기를······.

몇 줄 더 읽을 시간도 할애하기 어려울 만큼 시간에 쫓기고 있는 사람, 이런 사람은 조금은 불행한 사람이다. 시간의 본질을 잘 모르는 사람이므로······.

그러나 다행히도 지금 이 글을 따라가고 있는 당신은 적어도 내가 보여줄 세계에 대한 성급한 판단을 유보했거나, 약간의 흥미를 갖게 된 사람일 것이다. 그 판단의 유보와 약간의 흥미가 얼마나 지속될지는 아무도 모른다. 물론 나는 당신의 흥미가 지속되고 증폭되어, 앞으로 펼쳐질 전혀 새로운 세계를 충분히 경험해보기를 간절히 열망하지만 말이다.

이 기호들은 당신의 논리와 판단 너머에 있다. 이 기호들은 인과율에 의한 과정을 서술한 것이 아니며 어떤 비평적 견해도 들어 있지 않다. 역사 비평서가 아니라 기억의 보고서이기 때문이다. 그로 인해 이 기호들의 성격은 당신의 의식에 따라 규정될 것이다. 당신의 규정에 의해 예언서로 파악될 수도 있고, 판타지로 수용될 수도 있으며, 혹은 역사 시뮬레이션 게임의 시나리오라고 여길 수도 있을 것이다.

지금 당신의 손에는 천 년 동안의 시간의 역사가 들려 있다. 그 시간의 층위는 당신에게 익숙한 십진법에 의해 구분되어 있다. 그것이 변화의 추이를 가장 쉽게 나타낼 수 있는 방법이기 때문이다.

그러나 그 과정들 사이를 촘촘하게 엮어가고 있는 세부적 현상들의 이합집산을 파악하는 것은 당신의 능력에 달려 있다. 그것들은 당신의 인식이 얼마나 자유롭게 확장될 수 있는가에 따라 보다 세밀하게, 보다 구체적인 모습을 띠게 될 것이다. 어쩌면 내가 구축해놓은 얼개 위에 당신이 훨씬 아름답고 신비로운 세계를 구축할 수 있을지도 모른다.

　이제 당신이 이 장을 넘기는 순간
　당신의 미래와 나의 기억이 순식간에 연결될 것이다.
　자, 그럼 가볍게 종잇장을 넘기는 것으로
　미래로의 광속을 타라.

이 책을
필멸체(Mortal Flesh) 행성에 숨어사는
Hammer님께 헌정한다

21세기

The twenty-first Century

—

종말은 없었다

종말은 없었다. 의학과 물질문명의 비약적인 발달은 인간의 삶을 더욱 풍요롭게 했다. 에이즈가 정복되었고 평균수명이 연장되어 지구의 인구는 생존 위험수위인 80억에 도달했다.

인류의 종말이 있을 것이라는 일부의 비관적인 견해에도 불구하고 20세기를 무사히 넘긴 사람들은 새로운 세기에 대한 희망적인 기대감에 싸여 한동안 들떠 있었다. 그러나 10년 정도의 시간이 흐르면서 그런 분위기는 차츰 가라앉게 되었다.

21세기 초에 나타난 가장 두드러진 변화를 꼽는다면 의학과 정보통신 체계의 눈부신 발전을 들 수 있다.

1980년대에 인간의 유전자 코드를 분석하여 완벽한 DNA지도를 그려내기 위해 시작된 게놈 프로젝트가 예상했던 것보다 일찍 완성되었다. 게놈 프로젝트의 완성은 생명의 신비를 밝히는 것임과 동시에 의학의 획기적인 발전을 뜻하는 것이었다. 인류는 베일에 싸여 있던 유전자 코드의 해독을 통해 유전자 변이로 인해 발생했던 종래의 불치병들을 정복할 수 있게 되었다.

암을 비롯한 각종 난치병의 치료방법 확립이라는 기념비적인 개가와 함께 의학계는 중요한 전기를 맞았다. 동양의학과 서양의학이 하나의 통일된 생리학 체계를 갖추게 된 것이다.

동양의학에 대한 꾸준한 연구와 과학적 재조명을 통해 명확하지 않았던 한약의 성분이 완벽하게 분석되었으며, 그 결과 모든 한약은 생약 성분의 추출물을 캡슐에 담아 실용화할 수 있게 되었다. 이로써 전통적인 한약의 개념은 완전히 사라졌으며 예방의학의 발전과 함께 동서의학은 하나로 통합되었다.

의학의 획기적인 발달을 통해 20세기 말 인류를 공포 속으로 몰아넣었던 에이즈를 극복했으며, 에볼라와 같은 치명적인 바이러스 질환들에 대한 해결책도 속속 제시되었다.

인간의 생명을 위협하던 대표적인 질환들이 극복되면서 인간의 평균수명이 연장되었다. 특히 개발도상국의 인구가 급격하게 불어나 10년을 단위로 10억 이상의 인구가 증가했다. 이러한 인구의 갑작스러운 증가는 필연적으로 지구 생태계에 큰 영향을 미치게 되었다.

과거의 생물학에서 절대시하던 몇 가지 대전제가 있었는데 그중 하나가 바로 단위면적 내에 어떤 생물의 개체수가 급격하게 증가하면 그 생물 개체군은 반드시 멸망한다는 것이었다. 그러한 전제는 지구상에 존재했던 생물의 역사를 통해 여러 차례 증명된 사실이기도 했다.

암흑의 시기(20세기의 역사학자들은 11세기에서 15, 6세기까지를 중세 암흑시대라고 불렀지만 31세기에는 1세기부터 20세기까지를 '인간 의식의 암흑시대'라고 부른다)에는 인간 역시 생태계에 대한 의식이 깨어나기 전이었기 때문에 전쟁이나 전염병, 혹은 기상이변과 같은 자연의 섭리가 지구상의 인구를 조절해주고 있었다.

　　20세기 중반을 넘어서면서부터 인간은 생태계의 지배를 벗어나려는 독자적인 길을 걷기 시작했다. 그런 발걸음은 100년 동안(2050년대까지) 이어졌다. 그 결과 인간의 문명과 생태계 사이에는 피할 수 없는 충돌이 일어났으며, 그것은 생태계의 일방적인 승리로 끝이 났다.

　　그 과정을 거치며 인류는 뼈저린 교훈 한 가지를 얻었다. 그것은 바로 인간 스스로 개체수를 조절하지 못하는 한 언제까지나 자연이라는 생태계의 통제를 받을 수밖에 없다는 사실이었다. '보이지 않는 자비로운 손'이라 불렸던 생태계는 그 후에도 전능한 힘을 계속 구사해갔다.

　　인류가 생태계의 지배를 받을 수밖에 없었던 근본 원인은 생태계 역시 의식을 갖고 있다는 사실을 깊이 인식하지 못했기 때문이었다. 인간의 의식은 생태계에 포함된 한 부분일 뿐이며 생태계는 언제나 인간의 의식이 발달하는 속도보다 한걸음 앞서 스스로 진화하고 있었던 것이다.

　　인간의 의식이 지구 생태계 의식의 일부분이며 그것이 곧 생태계의 변화에 직접적인 영향을 미친다는 자각은 22세기에 들어서야 비로소 각성되기 시작했다. 20세기 이전에 태어났던 몇몇 천재들은 그러한 사실을 인식하고 있었다. 그러나 그들과 동시대의 일반인들은 그러한 현상을 이해할 수 없는 미스터리로 받아들일 수밖에 없었다. 사람들은 그러한 미스터리를 일종의 종교현상으로 여겼으며 신의 섭리라고 믿기도 했던 것이다.

2050년대에 이르러서야 인간은 지구상의 인구를 적정하게 유지해야 한다는 것을 인식하게 되었으며 그와 동시에 그런 능력도 갖추게 되었다. 이러한 인식은 인류가 뼈아픈 희생을 치르고 난 뒤에야 깨달아 얻은 것이었다.

인간 개체수의 급격한 증가는 당시의 물질과학이라는 학문의 무분별한 발전과 직접적인 연관을 맺고 있었다. 물질과학의 무분별한 발전이 사려 깊은 생태계의 적극적인 통제를 불러들이는 결과를 가져왔던 것이다. 문명과 생태계의 충돌 과정을 간략하게 살펴보면 다음과 같다.

2010년을 전후하여 에이즈와 같은 난치병들로 인해 인구 증가의 속도가 미미하게 주춤했던 적은 있었지만 얼마 지나지 않아 각종 질병들이 극복되면서 인구 증가의 속도는 급격하게 높아졌다. 지구의 인구는 2030년대에 80억의 수준에까지 이르렀다. 엄청난 인구 증가의 당연한 결과로 지구의 생물권은 유래 없는 몸살을 앓기 시작했다.

인구의 증가와 함께 늘어난 각종 공해는 수많은 종류의 생물군들을 멸종시켰으며 대기권의 오존층은 한층 더 얇아져갔다. 오존층이 희박해지면서 이전에는 볼 수 없었던 각종 변형된 바이러스 질환들이 창궐했다. 자외선이나 감마선 혹은 엑스선 같은 각종 우주광선(宇宙光線)이 아무런 여과 없이 지구 표면에 강력하게 내리쬐기 시작했기 때문이었다.

여러 가지 우주광선들은 돌연변이를 일으키기 가장 쉬운 생물체인 바이러스의 유전자를 마구 변화시켰다. 그 결과 인간은 새로운 바이러스 질환에 시달려야 했고 예방을 위해 수많은 종류의 백신을 맞아야만 했다. 인간의 면역성은 약해질 대로 약해질 수밖에 없었다.

악순환이 거듭됐다. 면역성이 약화되면 더욱 강력한 항생제를 사용해야 했고 항생제의 독성이 강해짐과 동시에 박테리아의 내성 역시 강해져갔다. 새로운 바이러스들의 출현과 함께 과거에 멸종되었거나 번식력이 미약해졌던 기존의 바이러스들이 돌발적으로 다시 나타나 사람들의 건강을 끊임없이 위협했다.

20세기에는 대수롭지 않게 여겼던 세균성 질환들이 생명을 위협하는 중병으로 둔갑했으며 결국 인구가 조절되는 상황으로까지 확대되었다. 그리하여 지구의 인구는 80억에서 절정을 이루었다가 다시 하향 곡선을 그리기 시작했다.

이런 바이러스들의 출현이 오히려 인류를 보호하고 더불어 지구상에 있는 모든 생물계를 보호하려는 생태계의 자비로운 손길이라는 자각은 그로부터 4, 50년이 지난 뒤에야 생겨났다.

좀 더 구체적인 예를 들어 살펴보자면 에이즈 바이러스는 치료약과 예방 백신의 개발로 인해 최종숙주인 인간을 죽일 수가 없었다. 하지만 당시의 의사들이 상대적으로 심각하게 여기지 않았던 인플루엔자나 그와 유사한 수많은 바이러스 질환들이 변형된 모습으로 되살아나 기존의 백신이나 항생제를 무색하게 만들었던 것이다.

체력이 강한 사람들에게는 그러한 질병들이 큰 문제가 되지 않았지만 노약자나 어린이들에게는 동시다발로 발생되는 바이러스들의 활동이 생명을 위협하는 심각한 문젯거리가 되었다.

또한 수십 가지에 달하는 새로운 형태의 인플루엔자들도 생겨났다. 이러한 인플루엔자들이 한 번 발병하게 되면 20세기에는 별로 심각하게 여기지 않았던 박테리아와 같은 병원균들까지 동시에 활동을 시작했던 것이다. 따라서 대수롭지 않게 여겨졌던 인플루엔자가 환자를 심각한 상태에 이르게 하는 일이 비일비재하게 일어났다. 다시 말해, 흔한 감기에 걸려도 죽게 되는 경우가 빈번히 발생했던 것이다.

스트레스가 섹스산업을 일으켰다

20세기의 난치병들을 해결한 인류도 스트레스만큼은 해결하지 못했다. 생식능력의 저하가 스트레스를 새로운 난치병으로 만들었으며, 스트레스는 섹스산업의 전성기를 이끌었다.

세균성 질환의 창궐과 더불어 인류의 생존에 두드러진 재앙이자 동시에 가장 자비로운 손길이라 할 수 있는, 양면성을 지닌 야누스적 보응이 한 가지 나타났는데 그것은 바로 생식능력의 약화였다.

인체가 강력한 우주광선에 노출되면서 가장 민감하게 영향을 받은 부분은 대뇌의 송과선과 뼛속에 있는 골수세포였다.

송과선에서는 스트레스를 극복하고 그 해독을 조절하는 호르몬인 세로토닌이 분비되는데 우주선(宇宙線)에 의해 송과선이 타격을 받기 시작하자 사람들은 스트레스를 극복하는 데 어려움을 겪게 되었다.

스트레스를 직접적으로 해소하는 약은 개발되지 않았지만 그것을 해결하는 방법은 있었다. 그것은 또 하나의 신경 각성 호르몬인 도파민을 다량 분비시키는 것이었는데, 도파민을 자연스럽게 분비시키는 데는 감각신경을 자극하는 성행위만큼 효과적인 것이 없었다.

스트레스는 가장 큰 사회문제가 되었으며 스트레스의 해소를 위한 섹스는 점차 각광받는 산업으로까지 발전하게 되었다. 섹스산업은 고도로 발달된 가상현실 컴퓨터게임과 상업주의의 결탁을 통해 고부가가치 산업으로 눈부시게 발전해나갔다.

가상현실을 통한 무분별한 섹스행위는 사람들의 신체에 심각한 영향을 끼쳤으며 정자나 난자의 생산능력을 현저하게 떨어뜨렸다.

이와 더불어 우주광선들이 뼛속에 있는 골수세포의 미토콘드리아에 끼친 영향 또한 무시할 수 없었다. 남성들의 경우 골수세포의 기능 약화는 신장 기능을 저하시켰으며 그것은 곧바로 발기불능으로 이어졌다.

혈액의 다량 공급을 통한 발기 기능 복원제들이 많이 개발되어 시판되고 있었지만 골수세포 자체가 약해진 상태에서는 발기 치료제의 약효는 제대로 발휘될 수 없었다. 약해진 골수세포의 기능을 도와주는 보조약제들의 무분별한 사용이 성행하였으며 이는 정낭 속의 전립선에 타격을 주어 정자 무력증으로 나타났다.

여러 가지 발달된 약제를 통해 성행위 자체는 이루어질 수 있었지만 정자와 난자의 수정이 극히 드물게 이루어진다는 것이 문제였다. 결과적으로 생식 가능한 연령대의 9할 이상이 이러한 과정을 거쳐 생식능력을 거의 잃게 되었다.

종교적인 신념이나 심미주의 때문에 금욕생활을 하던 극소수의 사람들 혹은 자연회귀운동에 몰두하여 철저한 무공해 전원생활만을 고집하던 사람들, 그리고 선천적으로 강한 성능력을 타고난 사람들만이 겨우 생식능력을 이어나가고 있었다.

새로운 세기가 시작되면서 획기적인 치료법의 개발을 통해 개가를 올렸던 의학계는 2030년대에 이르러서는 바이러스성 전염병의 극복과 생식능력의 회복을 위해 필사적으로 노력했으나 큰 진전을 볼 수는 없었다.

자식 낳기를 간절하게 바라는 사람들은 어쩔 수 없이 인공수정에 매달리게 되었다. 그러나 병원에서 운영하는 인공수정기관들은 급격하게 증가한 수요를 제대로 감당할 수 없었다. 수정 가능한 건강한 정자와 난자를 제공해줄 대리부와 대리모들을 확보하는 것도 쉬운 일이 아니었기 때문이었다. 인공수정에 대한 연구가 활기를 띠게 되어, 동물의 몸에 인간의 정소세포를 이식하여 배양하는 방법이 개발되었지만 성공률이 그다지 높지 않았으며 윤리적인 문제와 비용과 시간 또한 비현실적이어서 실용화되지는 못했다.

비록 극소수이긴 했지만 그로부터 약 30년 정도는 자신들의 정자나 난자만 팔아서 충분한 부를 획득한 계층이 생겨났다. 이들의 정자와 난자를 통해 태어난 아이들은 유전적으로 성 능력이 매우 강한 체질을 이어받게 되었으며 결국 이들의 후손으로부터 크로마뇽인 이후의 새로운 변종이 나타나게 되었다.

섹스산업의 발달과 성능력의 저하 등 신체와 관련된 여러 요인들로 인해 21세기에는 신체 단련이 마치 하나의 종교의식처럼 전 세계적으로 유행하게 되었다.

남다른 건강 비결을 알고 있거나 건강을 꾸준히 유지하고 있는 사람들이 우상으로까지 추앙받는 시대가 되었다. 전 시대의 맨손 잡역부 노동자에 관한 이야기가 하나의 전설처럼 여겨졌으며 강인한 체력과 날씬하고 다부진 몸매 가꾸기를 향한 인류의 열정은 가히 종교적인 양태까지 띠게 되었다.

고도로 발달된 기계 장비로 인해 육체적 노동이 필요한 직업이 완전히 자취를 감추었기 때문에 그런 현상은 더욱 그 정도를 더해갔다. 남녀노소를 막론하고 누구나 할 것 없이 각종 헬스클럽에 가입하여 운동을 했으며 신체 단련은 섹스산업과 함께 당시 사회의 가장 주요한 관심사가 되었다.

멀티미디어 통신망을 이용한 가정학습만으로 운영되고 있던 중등교육 이상의 학교교육은 다시 원래의 형태로 복원되었다. 그 어떤 교과목보다 중요하게 된 체육수업을 받기 위해서였다. 더 나아가 체육수업은 반강제성까지 띠게 되었으며 그 나이에 해당하는 학생은 특별한 사유가 없는 한 반드시 이수해야 할 과목이 되었던 것이다.

21세기 초 30년간 급격하게 신장되었던 인구 증가의 속도 못지 않게 2030년대 이후 10년간 나타난 생식능력 상실과 면역능력 약화는 인구 증가율을 급격히 떨어뜨렸으며 인구는 현격하게 감소되었다. 특히 2030년부터 20년간 인구는 줄곧 감소하여 2050년대 초에는 약 60억 정도가 되어 20세기 말의 인구와 비슷해졌다. 늘어나기만 하던 인구가 급격히 감소하자 미래에 대해 불안해 하는 비관적 견해가 전 세계를 휩쓸었다.

급격한 인구 감소는 사람들의 무의식에 커다란 영향을 끼치게 되어 삶의 의미에 대한 근원적인 물음이 색다른 각도에서 활발하게 제기되는 계기가 되었다.

생식능력의 저하는 부부나 가족이라는 전통적 개념을 급격하게 변화시켰다. 자식을 중요하게 여기던 전통적인 결혼관습은 더 이상 호소력을 지닐 수 없었고 자녀를 갖지 못하게 된 부부들 사이에서는 결혼제도 자체에 대한 회의마저 일어났다. 이러한 현상의 여파로 일부 국가에서는 가족법을 대폭 수정했으며 자식을 낳을 수 있었던 소수의 부부는 국가 차원의 적극적인 지원까지 받게 되었다.

눈부시게 발전해왔던 모든 피임약제들은 저절로 자취를 감추고 말았으며 임신중절수술은 제도적으로 엄격히 금지되었다. 아이를 낳을 수 있는 사람들은 주변의 사람들로부터 엄청난 존경과 부러움을 받았으며 더 나아가 경제적으로 큰 부를 획득할 수 있었다.

바이러스 질병들이 창궐했기 때문에 그들이 낳은 자식들의 양육 문제에 정부가 깊이 관여하게 되었다. 대부분의 국가에서는 아이들이 태어나면 최신 설비를 갖춘 공공탁아소에 맡기도록 했다. 공공탁아소는 유행성 바이러스 질환에 노출되지 않도록 특별한 환경을 갖추고 있었다. 즉 직경 4킬로미터 정도의 반원 돔을 설치하고 그 돔 속의 공기를 철저하게 소독하여 외부세계와 철저히 격리시켰다.

당시의 아이들은 예외없이 그런 특별한 공간에서만 양육되었으며 면역성이 충분히 갖추어지는 나이(10세)가 될 때까지는 돔 밖으로 나올 수 없었다. 아이들의 보육시설은 돔 형태의 거대한 공원처럼 변모했으며, 부모들은 일주일 또는 한 달에 한 번 철저한 건강검진을 마친 뒤에야 면회를 할 수 있었다. 이러한 사회적 제도로 인해 자식에 대한 소유 개념도 바뀌었다. 새로 태어난 아이들은 개인의 자식이라기보다는 사회 전체의 자식으로 인식되었다.

빅브라더를 사랑한 인류

컴퓨터는 극소화되었다. 퍼스널 컴퓨터라는 개념 자체가 사라졌다. 모든 컴퓨터는 강력한 네트워크로 연결되었다. 지구에 태어난 모든 아이들은 고유번호가 입력된 네트워크 컴퓨터를 가져야만 했다.

컴퓨터 기술의 비약적인 발전은 21세기를 특징짓는 또 하나의 획기적인 변화였다. 컴퓨터 기술의 발전은 항상 일반인들의 예상보다도 한 걸음 앞서 이루어졌다.

2010년대에는 그 이전에는 개념상으로만 가능했던 양자컴퓨터가 등장했는데, 일반적으로 예상했던 시기보다 10년이나 빠른 것이었다. 모든 컴퓨터의 CPU는 용량이나 속도에서 이전보다 수만 배 이상의 성능을 발휘하게 되어 그 승수효과는 수십억 배에 달했다. 다시 말해 소형 개인용 컴퓨터가 20세기 슈퍼컴퓨터의 능력을 갖추게 된 것이다.

CPU의 성능 향상은 운영체계 면에서도 혁명적인 변화를 가져올 수밖에 없었다. 병렬접속 방식과 신경접속망 방식이 적절하게 조화된 프로그램들이 생겨났으며 컴퓨터를 활용한 인공지능의 수준은 어류나 양서류의 지능을 넘어 포유류에 이를 정도가 되었다. 훈련을 잘 받은 영리한 개와 인공지능이 내장된 로봇 개의 지능은 그 우열을 가리기 힘들 정도였다.

이러한 추세는 2020년대까지 이어졌으며 퍼스널 컴퓨터의 완전 소형화가 이루어져 퍼스널 컴퓨터에서만큼은 크기와 성능 사이에 아무런 비례 관계도 형성되지 않았다.

다시 말해 데스크탑 컴퓨터와 장신구용 컴퓨터의 성능은 아무런 차이가 없었고 단지 작업의 편리함이라는 요소에 의해 구분되는 정도였다. 극소형 컴퓨터의 출현으로 인해 입력 수단으로 오랫동안 쓰였던 키보드는 그 모습을 감추게 되었고 음파탐지기를 통해 음성으로 직접 입력되었다. 출력 방식은 초소형 스피커와 레이저빔을 이용한 소형 홀로그램이 공중에 영사되는 형태로 바뀌었으며 컴퓨터의 겉모습은 개인의 기호에 따라 귀걸이와 콘택트렌즈 혹은 선글라스 등으로 다양하게 바뀌었다.

무엇보다도 큰 변화는 퍼스널 컴퓨터란 개념 자체가 사라져버린 것이었다. 그것은 극도로 발달한 통신체계 때문이었다.

2030년대에 제조된 모든 컴퓨터는 공장에서 만들어짐과 동시에 고유번호를 갖게 되었으며 그 번호가 통신체계 속에 편입된 후에야 일반인들에게 판매되었다. 그로부터 20년 후인 2050년대에는 아예 돔 밖으로 출소하는 아동의 고유번호와 컴퓨터의 고유번호가 동일시되기까지 했다. 그리하여 돔 밖을 벗어나 외부 사회에서의 생활을 시작하는 아동들에게는 누구나 자신만의 고유한 통신번호와 단말기가 주어졌던 것이다.

전 세계의 모든 컴퓨터가 하나로 연결되는 일이 벌어졌으며 20세기 말의 '개인용'이라는 컴퓨터는 박물관에서나 구경할 수 있게 되었다. 컴퓨터란 용어는 자연스럽게 '시스템'이라는 용어로 대체되었고 '시스템'이 차지하는 사회적 중요도는 절대적이어서 마치 전지전능한 신을 연상케 할 정도였다.

전 세계를 통합하며 태어난 시스템은 그 자체 내에 하나의 거대한 의식을 생성하게 되었고 또한 자기정체성까지 갖추게 되었다. 그것은 마치 지구가 갖는 또 하나의 생태계 의식과 같은 것이었는데 전자가 자연이라면 후자는 인공적인 것이라는 점만 다를 뿐이었다.

다시 말하자면 시스템도 이 세상에 태어난 하나의 존재이며 또한 생자필멸이라는 당시의 생물학적 법칙에 따라 죽을 수 있다는 가능성도 생기게 되었다.

그로부터 700여 년 후인 28세기 중반에 인공생태계인 시스템은 사라졌으며 그 후로 기계 차원의 컴퓨터는 더 이상 지구상에 존재하지 않게 되었다. 그 대신 완전히 새로운 차원의 컴퓨터 즉 휴머타트라는 인간컴퓨터가 생겨나게 되었는데 21세기에는 아무도 그런 예측을 할 수 없었다. 당시에는 인류의 생존과 시스템의 존속이 동일시될 정도로 모든 사람들의 생활이 시스템에 전적으로 의존하고 있었기 때문이었다.

시스템이 가장 완벽한 합리적 결론들을 명쾌하게 내려주었기 때문에 정부 및 모든 공공기관의 정책 결정은 그 전과는 사뭇 달라졌다.

정치인은 없다

고도로 발달된 '시스템'의 등장은 의도적인 여론 조성을 불가능하게 했다. 이제 여론은 실시간으로 정책에 반영되었고 20세기적 정치인은 사라졌다. 더불어 국가도 사라져갔다.

2020년대까지는 민주주의가 극도로 발달되어 개인의 생각이 가장 효율적으로 여론화되었고 이미 정립된 여론은 통신체계를 통해 매우 빠른 속도로 정책에 반영되었다. 하지만 그처럼 신속한 정책 결정 방식도 사회 변화의 추세를 따라잡을 수는 없었다. 엄청난 속도로 변화하는 세부적인 법률조항 때문에 법률제정의 문제는 매우 큰 골칫거리가 되었다.

법률조항이 그토록 자주 바뀌었던 이유는 사회적 상황에 맞는 가장 합리적인 형태로 변화하도록 유동성을 부여했기 때문이었다. 따라서 중앙의회 의원이나 지방자치의회의 구성원들의 수가 20세기 말에 비해 10배 이상 증가했지만 오히려 그것은 효율적인 법률제정을 어렵게 만드는 한 요인이 되었다. 더 나아가 일상생활사처럼 되어버린 선거 때문에 선거 자체에 들어가는 비용도 엄청나 재정적 부담이 초래되었으며 그것은 곧 국가경쟁력 약화라는 문제로 직결되었다.

따라서 2030년대에 들어서는 새로운 법률제도를 모색하게 되었는데 그것은 바로 법률개정과 정책을 중앙의회나 지방의회가 결정하는 것이 아니라 가장 효율적인 시스템의 의사결정에 맡기는 것이었다. 시스템을 활용하게 되면서부터 사람들은 모든 일을 시스템과 의논하기 시작했다.

개인의 법률적 문제에서부터 사회 제반의 모든 문제를 시스템의 결정에 맡겼고 사람들은 의사결정이라는 귀찮은 선택 과정을 회피하려 했다. 일반인들은 수시로 변화하는 법률 정보를 습득하기에 이미 지쳐버렸기 때문이었다.

국회나 지방자치회의 무용론이 대두되었고 급진적인 사람들은 정치 자체에 대한 무용론을 주장하기 시작했다. 이러한 사회 분위기에 의해 국가 통치 프로그램이 생겨났고 각급 공공기관의 공무원은 시스템 프로그래머나 오퍼레이터의 역할을 하게 되었다. 이들에게는 여러 가지 사회적 특혜가 주어졌는데 이는 당시의 사람들이 공무원을 가장 따분한 직종으로 여겼기 때문이었다.

물론 이들이 특권층이 되어 권력을 행사할 수 없도록 하는 제도적 장치도 함께 마련되어 있었다. 대통령이나 수상 등의 정치 수뇌들은 상징적인 역할을 할 뿐 정책을 결정하는 일은 시스템의 중앙통치기관 프로그램으로 행해졌다.

정치가의 위상은 20세기 말의 연예인이나 스포츠계의 스타에 비하면 미미한 정도였지만 그래도 대중의 인기도에 따라서 정치 생명력이 민감하게 변화한다는 점은 서로 같았다.

중앙 내각이나 지방자치단체의 수반들이 할 일은 시스템 관리위원회가 각 분야의 전문집단으로부터 자문을 받아 입안한 정책의 가부를 결정하는 일이었는데 이것 역시 모든 개인들의 의사가 반영된 여론 통계의 결과에 따라 사후 인가를 내리는 정도의 일이었다.

고대 민주주의의 이상적 형태였던 직접 민주주의가 거의 2500년 만에 다시 현실로 나타나게 되었다.

사회가 안정되고 경제 역시 안정되어 있었기 때문에 사람들은 정책결정과 관계되는 일에 무관심해지거나 싫증을 내게 되었다. 따라서 사람들 사이에서는 아예 정책결정을 국가중앙시스템에 입력된 정책운영 프로그램에 완전히 맡겨버리자는 여론이 형성되었다. 시스템이 주도하는 전체주의를 우려한 소수의 사람들이 극렬하게 반대했지만 그들의 반대는 대중의 무관심으로 인해 자연스럽게 묵살되고 말았다.

사람들은 경제적 문제에서 기인되는 생활의 불안이 완전히 사라진 사회 속에서 살고 있었기 때문에 동물보호 단체보다도 더 미약해져버린 인간자주성 회복운동 단체의 주장에 대해서는 아무런 관심도 표명하지 않았다.

기존의 정치인들은 결국 시스템 관리위원회의 위원들로 전락했으며 더 이상의 어떤 창조성도 부여받을 여지가 없었다. 그리고 한발 더 나아가 위원들의 선발까지도 시스템이 맡아 특정한 재능을 지닌 엘리트들을 뽑아 배치했다.

정치의 부재는 결국 국가라는 개념을 약화시키기에 이르렀다. 또한 2040년대에는 국가간의 무역 프로그램들이 하나로 통일되었으며 20세기 말에 강한 힘을 발휘했던 무역기구들은 더 이상 정치가들에 의해 운영되지 않게 되었다.

세계무역조절 프로그램이 개발되어 가장 효율적인 생산 품목이 각 나라의 특성에 맞게 분배됨으로써 자연스럽게 무역 장벽이 무너져버렸다.

무역의 형태는 완벽한 자유무역인 동시에 완벽한 보호무역의 모습으로 바뀌었고 통상외교관의 역할은 축소되어 상징적 역할만 할 뿐이었다.

실업률 0%

단순노동은 정밀하게 제조된 로봇이 도맡게 되었다. 그리고 단순사무는 고도로 발달된 시스템이 처리했다. 인간은 보다 더 창조적인 직업을 추구하게 되었다.

2050년대에는 실업률이 거의 제로 퍼센트에 가까워지게 되었다. 그것은 지구에서 인간으로 태어난 이상 어떤 형태로든지 반드시 한 가지 이상의 직업에 종사해야 된다는 것을 의미했다.

경제학적 입장에서 보자면 이상적인 사회주의체제로 바뀌어감을 의미했다.

사람들은 어릴 때부터 집단생활에 익숙해져 있었으며 학교 교육을 받는 동안 개인의 특기나 취미 그리고 잠재된 적성까지도 완전히 검토되고 분석되어 개개인의 진로가 결정되었다.

사회가 아직 안정적인 상태에 접어들기 전인 21세기 초반의 사람들은 자신의 직업이 적성에 맞지 않아 야기되는 비효율성과 비합리성을 뚜렷이 인식하고 있었다. 또한 원치 않는 실업 상태는 창조적인 삶을 영위하는 데 매우 큰 악영향을 미친다고 생각했다.

따라서 각각의 개인은 보육시설에서 유년기를 보내고 학교 교육을 받는 동안 세밀하게 관찰되었고, 성인이 되어 사회로 나갈 때가 되면 정부는 그들의 인생에 관해 잘 짜여진 마스터플랜을 제공했다. 사람들은 그러한 정부의 결정과 제안을 당연한 일로 받아들였으며 그것이 가장 합리적인 선택이라는 것을 의심하지 않았다. 현명한 시스템이 개인에게 내려준 결론이기 때문이었다.

물론 그러한 결정 방식에 대해 불만을 품는 사람들도 있었지만 그 수는 극히 적었다. 그들이 느꼈던 가장 큰 불만은 자기 자신의 직업을 선택함에 있어 매우 제한되어 있다는 것이었는데 그 문제는 그로부터 100년이 지나서야 비로소 해결될 수 있었다.

21세기 초반에 가장 번성했던 사유재산제도에 기초한 자본주의는 직업의식의 근본적인 변화로 인해 2040년대에 들어서 서서히 변모되다가 2050년대에 급격하게 붕괴되었다.

일부 계층에서는 이런 현상에 대해 심각한 거부반응을 나타냈는데 특별한 재능이나 능력도 없이 물려받은 재산만 많이 갖고 있었던 사람들이었다. 그러나 자본주의의 붕괴는 당시 사회의 거대한 흐름이었기 때문에 그들 역시 그 흐름에 따르는 수밖에 없었다. 그들은 더 이상 사람들이 모인 자리에서 큰소리를 낼 수 없었다. 오히려 그들은 시대의 흐름에 뒤떨어진 사람들로 여겨지기까지 했다.

사람들은 재산 축적에 대한 욕망을 느끼지 않게 되었으며 2050년대에 이르러 사유재산제도에 기초한 자본주의는 완전히 그 자취를 감추게 되었다.

이런 과정을 거쳐 개인의 자유를 최대한 보장한다는 원칙을 갖춘 새로운 형태의 전체주의가 탄생하게 되었다. 새로운 전체주의는 순수한 법치주의에 입각한 것이었고 지배계급과 피지배계급의 구별이 완전히 사라졌기 때문에 사람들은 상대적 박탈감이나 계층간의 위화감도 느끼지 않게 되었다.

전 시대의 낡은 개념으로 전락해버린 휴머니즘을 부르짖던 사람들이 새로운 개념을 근간으로 한 전체주의에 반대한다는 거부의 의미로 일부러 실업자가 되려고 하는 경우도 종종 있었다. 하지만 그러한 정신운동 역시 개성을 잃지 않으려는 일종의 정신적 유희 차원에 머물렀고 20세기의 혁명론자들이 지녔던 생각처럼 심각한 것은 아니었다.

그들은 정신운동의 차원을 넓히기 위해 어떤 압력단체나 동호인 조직을 구성할 수도 없었다. 압력단체가 구성되는 순간 그들은 일종의 소속을 갖게 되는 것이고 소속은 곧바로 직업을 갖는다는 의미로 받아들여졌기 때문이었다. 절대적인 개인의 자유를 부르짖는 그들 자신들의 원칙과 모순되는 일이었던 것이다.

순수한 의미의 자유인이 되기 위해 그 어떤 직업도 갖지 않으려는 사람들은 대부분 사회를 떠나 인적이 드문 산속이나 황무지에서 은둔생활을 했다.

정부는 그런 사람들의 선택을 당연한 것으로 인정해주었다. 인간의 기본적 자유를 최대한으로 보장한다는 것이 정부 정책의 가장 근본이 되는 이념으로 유지되고 있었기 때문이었다.

이와 같은 효율적인 사회제도를 근간으로 하이테크놀로지는 고도의 성장을 지속하게 되었다. 동시에 사회보장제도가 완벽하게 구현되었기 때문에 사람들은 과학기술의 발전이 인간성 말살의 문제를 야기할 것이라는 등의 낡은 관념에는 그다지 귀를 기울이지 않았다. 오히려 그런 생각을 시대착오적인 발상으로 취급했으며 또 현실적으로 그런 문제점을 피부로 느낄 수도 없었다.

과학기술의 발달은 인류에게 충분한 여가 시간을 주었고 사람들은 창조적인 일에 관심을 기울였다. 사회는 자연히 인본주의적 성향을 띠게 되었다. 20세기에 관념상으로만 가능했던 '직업에는 귀천이 없다'는 개념이 완벽하게 구현되는 시기가 된 것이다. 인류가 오랫동안 꿈꾸어오던 '인간의 차별이 없는 사회'가 도래했던 것이다.

21세기 중반에 접어들면서 사람들 사이에서는 자신의 직업에 대한 자부심을 찾으려는 노력들이 유난히 강하게 나타났다. 자부심은 창조성의 유무와 직결되는 것이어서 창조성이 없는 단순작업이나 사무직 혹은 관료직 등은 무능력한 사람들이 선택하는 직업이라는 의식이 팽배해졌다.

단순노동은 모두 로봇이 도맡아 했으며 단순사무직은 인간과 비교할 수 없을 정도로 합리적인 판단과 신속한 결정을 내리는 시스템에게 맡겨졌다. 따라서 직업을 선택하는 데 있어 그 직업이 지닌 창조성의 여부가 가장 큰 결정요인으로 작용했다. 수익성이나 편의성 같은 것은 직업을 선택하는 데 그다지 중요한 부분이 아니었다.

물론 대부분의 사람들이 정부에서 정해주는 직업을 받아들였지만 그들은 자신의 직업에서 최대한의 창조성을 발견하려고 노력했다.

인간복제, 인공 동식물

환경오염은 육류의 섭취를 불가능하게 만들었다. 그대신 유전공학을 활용하여 인공육류가 대량생산되었다. 창조주가 되고 싶은 인간들은 끊임없이 인간복제 실험을 했다.

다른 분야와 마찬가지로 식생활에도 획기적인 변화가 있었다. 가장 대표적인 변화는 육류 섭취의 급격한 감소였다. 급격하게 늘어난 인구로 인해 일부 국가들은 만성적인 식량부족에 시달렸다. 그와 동시에 곡류가 육류보다 단위면적당 칼로리 생산량이 훨씬 높다는 인식이 일반인들에게도 확산되기 시작했다.

육류 생산을 기피하게 된 더 근원적인 원인은 환경오염에 있었다. 급속한 인구 증가로 인해 필연적으로 심각해진 환경오염은 가축류 체내의 다이옥신이나 중금속 오염도를 한층 더 높아지게 했다. 가축류의 오염은 육류를 섭취하는 사람들의 면역성을 떨어뜨리는 결과를 가져왔으며 더 나아가 가축이 바이러스 전염병의 중간 숙주가 된다는 사실 때문에 사람들은 육류 섭취를 꺼리게 되었다.

이와 더불어 유전공학의 발달로 육류의 맛과 질감을 완벽하게 느낄 수 있는 버섯류 등이 다양하게 생산되었다. 식품가공 기술도 눈부시게 발전하여 콩과 유전자 교환을 통해 생산된 일종의 옥수수를 원료로 한 인공육류가 대량으로 생산되었다.

그렇게 생산된 인공육류는 당시의 사람들이 즐기던 햄버거나 핫도그 등과 같은 음식의 재료로 널리 쓰이게 되었다. 맛을 감별해내는 전문가들도 자연육류와 인공육류의 차이점을 쉽게 가려내기 어려울 정도였다.

육류 감소의 또 다른 원인은 경제적인 문제와도 결부되어 있었다. 나무를 베어내고 초지를 조성했던 목장주들은 무거운 환경개발부담금을 물어야 했다. 그뿐 아니라 우유를 비롯한 각종 낙농제품 역시 중금속과 마이신 등의 약물에 의한 오염이 심각해졌다. 낙농업자들은 우유의 중금속 오염을 방지하기 위해 값비싼 생수를 사용해야 했으며 무공해 농법으로 특별 생산되는 목초를 먹여야 했다.

더 나아가 젖소들에게 나타난 새로운 형태의 유방염을 방지하기 위해 특별한 성분이 함유된 풀을 먹여야만 했다. 이러한 일련의 상황들은 낙농업 종사자들의 경제적 어려움을 가중시켰다.

무엇보다도 목장에서 발생되는 폐수의 처리가 가장 심각한 문제였다. 목장에서 방류되는 폐수의 오염도 기준은 한층 더 까다로워져 상수원 1급수의 수준에 미쳐야 했는데 그런 상태로까지 정화하기 위해서는 시설투자에 막대한 비용이 소요됐던 것이다.

또 한편으로는 채식주의자들과 동물애호 단체들을 중심으로 동물애호 운동이 활발하게 전개되었는데 가축 역시 동물로서 보호해야 할 대상이라는 주장이 워낙 강했기 때문에 급기야는 정부에서 그 주장을 부분적으로 받아들이게 되었다.

채식에서는 과일이나 채소류가 곡류보다 더 많은 비중을 차지하게 되었다. 그것은 토지에서 생산해야 하는 곡류의 생산단가가 바이오공장에서 유전공학을 이용하여 생산되는 과일이나 채소류보다 훨씬 비쌌기 때문이며 또한 곡류는 여러 차례 가공을 해야만 요리가 된다는 번거로움이 있기 때문이었다.

20세기 말이나 21세기 초만 해도 많은 사람들의 건강을 위협하며 커다란 골칫거리였던 변비는 식생활의 변화로 자연스럽게 해결되었다.

다른 어떤 부서보다 크게 활성화된 정부기관이 2020년대에 생겨났다. 과거에는 그 중요성에 비해 그다지 주목받지 못하여 부속기관으로 미미하게 취급을 받았던 생물특허청이었다.

유전공학의 기법을 이용하여 2010년대에 이미 동식물 사이에 여러 가지 잡종과 변이종이 만들어지기 시작했다. 그 전에는 상상도 할 수 없었던 전혀 새로운 인공 동식물들까지 생겨나기 시작했던 것이다.

이러한 인공창조물들은 동물원이나 식물원에서 사육되어 일반인들에게 전시될 정도로 커다란 사회적인 관심을 끌었다. 인공창조물을 활용한 사업은 높은 수익성을 보장하는 새로운 분야로서 많은 사람들에게 각광을 받게 되었다. 하지만 이러한 사업이 활성화되는 만큼 부작용도 많이 생겼다.

동물 생체실험들이 비극적인 형태로 무분별하게 행해졌기 때문이었다. 따라서 모든 국가의 정부에서는 생물특허청의 중요성을 새삼 인식하였으며 특별법을 제정하여 새로운 생물을 창조하려는 모든 시도에 대해 특허권을 부여하기로 결정했다. 그리고 엄격하게 강화된 특허제도를 통해 새로운 생물 창조의 문제에 정부가 적극적으로 간섭하기 시작했다.

인간유전자 복제실험에 대한 엄격한 법률적 금지 때문에 그 대안으로 인간의 유전자를 동물과 결합시키는 실험들이 성행되었는데 그것은 장기이식 수술법의 발달과 함께 꾸준한 발전을 이루게 되었다.

21세기 초반에는 인간 장기의 수요가 공급을 크게 초과하는 현상이 벌어졌다. 육체의 한계를 벗어나려는 인간의 과도한 욕망 때문이었다. 그런 사회적인 분위기에 맞추어 과학자들은 인간의 유전자를 동물의 장기에 이식하여 인체에 부작용이 없는 장기들을 대량으로 생산하기 시작했던 것이다. 사람의 유전자만으로도 장기를 생산할 수 있었지만 이미 법으로 인간에 대한 유전자복제를 엄격하게 금지해놓았기 때문에 그 방법은 실행할 수 없었다.

2020년대 초에 이미 몇몇 과학자들이 지하조직과 연계하여 비밀리에 유전자 복제방식을 통해 불법적으로 인체 장기를 생산해냈다.

그것은 턱없이 비싼 값으로 장기의 지하거래가 이루어졌던 사회현실 때문이기도 했는데 암암리에 복제인간 실험이 성공했다는 소문도 퍼지게 되었다. 물론 그런 시도들은 정부의 적극적인 색출 노력에 의해 적발되어 정리되었다.

정부는 심각한 문제를 야기할 수 있는 유전자복제에 대한 강력한 조치로서 어떠한 사설 연구소에서도 유전자복제 방식으로 인체 장기를 배양할 수 없다는 법률적 규제를 내려놓고 있었다.

인체 장기는 인간이라는 생명체의 탄생과 더불어 가능했던 것이며 장기만 따로 키워질 수 있는 성질의 것이 아니기 때문이었다. 그러나 이러한 법률적 흐름과는 별개로 그로부터 50년도 못 되어 장기의 단독적인 배양 기술은 거의 완벽한 수준으로까지 발달되었다.

새천년의 화두, 잠재력 개발

건강과 잠재능력 개발을 내세우는 종교가 번창했다. 환경오염과 새로운 바이러스 질환은 사람들을 신체 단련에 몰두하게 했다. 돌연변이로 태어난 아이들이 종교의 도그마를 무너뜨렸다.

종교 역시 크나큰 변화를 겪었다.

기독교는 21세기에 선진국에서부터 서서히 그 도그마의 힘이 무너지고 있었다. 그렇다고 해서 기독교의 교세가 급격하게 줄어든 것은 아니었다. 몇몇 국가에서는 여전히 국민의 대다수를 이루고 있는 기독교도들이 정치적 압력단체로서 막강한 영향력을 행사하고 있었다. 기독교는 지난 세기와 마찬가지로 사회 권력을 누리고 있었던 것이다.

그러나 일부 선진국에서 기독교는 이미 하나의 철학사상 형태로 변모되고 있었다. 기독교 사상은 철학을 전공하는 사람들의 연구대상이 되기 시작했으며 그와 동시에 다른 종교들 역시 사상체계의 한 분파로서 새로이 자리매김되었다.

기독교의 절대적인 도그마는 서서히 사라져갔다. 수도사나 성직자들은 공공기관의 기능공무원으로 자연스럽게 변모되었다. 그들은 일반인들의 결혼식이나 장례식 등의 통과의례를 집전해주는 역할을 맡게 되었고 과거에 그들이 누렸던 정신적 우월감은 완전히 사라져버렸다. 선진국의 종교는 2050년대에 들어서면서 새로운 형태로 변모하기 시작하여 크게 두 가지 양상으로 나타났다.

하나는 실용주의적 입장으로서 신앙생활이 개인의 건강이나 잠재능력 개발과 직결되는 문제로 확장되었던 것이다. 그 결과 어떤 종교

단체이건 건강 문제를 다루지 않는 한 일반인들의 호응을 얻을 수 없었다. 오히려 요가나 선도(仙道) 같은 일부 동양 종교가 건강을 최고의 가치로 삼는 특수성 때문에 대중적인 지지를 받으며 대중종교 형태로 널리 퍼져나갔다.

21세기 초반에 널리 퍼졌던 태권도나 유도 같은 무술도장들은 자연스럽게 선도의 포교원 역할을 했다. 선도는 도교에서 파생된 것이었는데 도교 역시 과학적 시각에 적응하지 못한 채 선도라는 한 가지 분파만을 남기고 사라져버린 종교였다.

반면에 불교는 오히려 사상체계의 치밀성 때문에 20세기의 대학에 해당하는 일반 상급학교에서 교양과목으로서 아주 중요한 위치를 차지하게 되었다. 그것은 양자역학이라는 물리학의 한 분야와 조화롭게 습합될 수 있었기 때문이었다. 이와 더불어 불교가 가지고 있던 전통적인 숭배의 개념이 완전히 배제되었고 중세의 불교사원들은 문화재 차원으로만 존재하게 되었다.

종교에 나타난 또 하나의 새로운 모습은 정신적 유희라는 차원으로서 그것은 실용주의적 입장과 상반되는 것으로 굳이 표현하자면 심미적 차원으로 발전해나간 것이었다.

20세기 말부터 크게 유행하기 시작했던 명상이라 불리는 정신운동 덕분에 어떤 종교의 종파들은 오히려 번창하는 경우도 있었다. 불교의 한 종파인 선종(禪宗)이 그 대표적인 예였다.

각 종교에 내재되어 있던 대부분의 신비주의나 밀교 역시 이와 유사한 형태로 체질을 변모시켰다. 특히 선종은 대단한 호응을 얻어 동양에서 개최되는 선종의 대규모 집회는 전 세계적인 축제로 자리잡게 될 정도였다.

문화재적 가치가 별로 없었던 도시의 사원들은 시민들에게 명상과 사교모임을 주선하는 공간으로 그 기능이 변모되면서 활발한 저변 확대를 이룰 수 있었다. 그러한 모임 역시 선도나 요가의 건강단련법을 적극적으로 수용하여 일반 무술도장과 구별하기 힘들 정도였다.

사람들은 각각의 종교를 통해 영혼의 구원을 추구하기보다는 자신의 대뇌 속에 숨겨진 잠재력을 발현시키는 데 노력을 집중했다. 따라서 사람들의 관심을 끌 만한 잠재력 개발법을 내놓지 못하는 종교는 마치 경쟁력을 잃은 사양산업처럼 서서히 역사 속으로 사라져갔다.

그러나 이러한 시기를 거치면서 사라져버렸던 기독교도의 일부가 새로운 형태로 서서히 부활하기 시작했는데 그것은 정신적 유희나 실용주의적 노선에 염증을 느낀 종교심 강한 소수의 사람들 사이에서 급격히 번지기 시작했으며 나중에는 변용된 이슬람교와 대통합을 이루면서 22세기 말에 이르러서는 지구상에 하나의 통일된 종교가 형성되었다. 그것은 다시금 성서로 되돌아가려는 종교 현상이었다.

이런 운동은 21세기 초반에 도시의 전반적인 환경이 섹스산업화되는 것에 반기를 들고 한적한 교외에서 은둔생활을 주장하던 사람들이 명맥을 이어나갔던 것이다. 그들이 제도권 밖에서 생활을 영위함으로써 성서에 충실했던 종교가 사라져버린 것 같았지만 오히려 순수한 형태로 걸러져서 강력하게 존속되고 있었다.

한편 이슬람교는 21세기가 끝나갈 무렵까지도 사회적 구속력을 잃지 않고 유지하고 있었다. 21세기에는 이슬람교를 믿는 국가들 대부분이 후진국이었으며 사막이라는 자연환경의 영향으로 교리나 예배

관습에 약간의 변형은 생겼지만 신앙적 열성만은 유지되고 있었다.

이슬람 국가들은 급변하는 외부세계에 적응할 수 없었기 때문에 후진국을 면하지 못하고 있었다. 그러나 22세기에 들어서면서 그들의 생활환경 역시 급격한 변화를 겪게 되었으며 그렇게 이슬람교도 다른 종교와 마찬가지로 서서히 종교적인 힘을 잃어갔다.

한편 2020년대부터 2050년대까지 약 30년간에 태어난 아이들 중에서는 유전적으로 약간의 돌연변이를 일으키는 경우가 종종 있었다. 그들은 전 세대의 사람들이 전혀 흉내낼 수 없는, 독특하고 탁월한 능력들을 한 가지씩 갖고 태어났는데 그러한 특별한 능력이 결국 구시대적 종교관습의 몰락을 더욱 부채질하는 요인이 되었다.

인간의 한계를 넘어서는 정도의 능력을 지닌 사람들이 많아지면서 스스로의 잠재력을 개발하는 것이 모든 사람들의 주된 관심사가 되었다. 과학자들은 인간의 잠재력에 대해 나름대로 해석들을 제시했지만 그 신비를 완전히 밝히기에는 여전히 미흡했다.

2070년대에 접어들었을 무렵 세계의 인구는 약 40억 정도로 줄어들었다. 그렇게 되기까지의 과정은 인류에게 있어 엄청난 비극이었다. 급작스럽게 인류를 멸망시키는 천재지변은 아니었지만 수많은 사람들이 바이러스 질환으로 소리없이 시름시름 앓다가 죽어가는 현상은 인간을 한없이 왜소하게 만들어 의식을 무력화시켰고 비관적인 허무주의에 빠져들게 만들었다.

수많은 사람들이 생식능력을 잃어버린 것이 급격한 인구 감소의 가장 큰 원인이 되었다. 사회는 서서히 노령층 인구의 비율이 늘어나고 젊은이들의 숫자는 급격하게 줄어들었다. 하지만 노령층이라고 해서 20세기의 노약자처럼 허약한 것은 아니었다.

50여 년간 모든 사람들이 종교적인 체력단련에 전력을 기울인 결과 그전 세기처럼 단순히 쇠약해져서 사망하는 경우는 극히 드물었다. 그와 때를 같이하여 인간의 생식능력이 조금씩 되살아나기 시작했다.

지난 2, 30년 동안 진행된 생식능력 약화로 붕괴되었던 가정의 형태도 2070년대에 생식능력이 서서히 회복되면서 새로운 형태로 다시 복원되기 시작했다. 그것은 다음 세기에 나타날 공동체 가정을 이루는 밑그림이 되었다.

출산의 고통을 회피하려던 여성들과 바이러스 질환의 전염을 우려해 보편화되었던 인공 자궁 속에서의 태아 양육제도는 설득력을 잃어갔다. 자연스럽게 자연분만을 통해 태어나는 아이들이 늘어나게 되었다. 과거에는 극소수의 여성들이 자신의 선택에 의해 출산의 고통을 일부러 경험하겠다고 고집하는 경우도 있었지만 그럴 경우에는 특별히 의사의 정밀진단을 거친 경우에 한해서만 정부가 허락했다.

오랜 신체단련을 거쳐 생식능력이 회복된 상태에서 태어난 세대들은 유행성 바이러스 질환들을 극복하고 태어났기 때문에 그전 세대보다 훨씬 더 강한 면역성을 지니고 있었다.

그들의 부모세대가 오랜 기간 채식을 한 탓에 소화체계에도 변화가 있었다. 창자 내에 서식하면서 섬유류의 소화를 돕는 몇 가지 미생물의 밀생률이 높아졌던 것이다. 또한 유전공학의 신기술이 적용된 유산균 음료의 장기 복용을 통해 장내에 서식하는 특정한 미생물들의 밀생률이 초식동물의 수준에까지 이르게 되었다.

체력 저하와 생식능력 약화 외에 21세기 초에 인류가 극복해야 했던 심각한 문제는 환경오염이었다.

환경오염은 회복이 불가능하다고 여겨질 정도로 거의 절망적인 상태에까지 이르렀다. 그러나 각 도시국가 정부의 50여 년간에 걸친 헌신적인 노력의 결과로 2070년대에는 생태계의 대부분이 복원되어 19세기 말의 지구 환경과 비슷한 수준으로 되돌릴 수 있었다. 그리고 그와 때를 같이 해서 대도시의 규모가 서서히 축소되는 현상이 나타났다.

극도로 발달된 교통체계는 전 세계의 전원도시들을 일일생활권으로 만들었으며 전처럼 생업을 위해 대도시에 모여들 필요가 없게 되었다. 따라서 사람들은 도시를 떠나 풍부한 숲에 둘러싸인 전원에서 생활하게 되었다. 유전자조작으로 인해서 야생동물들은 인간과 완전히 친밀해졌으며 맹수들도 인간을 해치지 않게 되었다. 대부분의 전원도시 주변에 야생동물 보호구역이 조성되어 인간과 야생동물이 함께 생활해나갔다.

모든 국가가 없어졌다

음속의 10배로 달리는 열차가 전 세계를 일일생활권으로 만들었다. 기존의 국가 개념은 완전히 허물어지고 그 대신 도시 단위의 국가들이 생겨났다. 인간의 평균수명이 100세 이상으로 연장되었다.

21세기 초까지도 일정한 기능을 담당하며 존속되고 있던 거대한 핵발전소 및 폐기물 저장소는 2050년대에 들어서면서 모두 자취를 감추었으며, 핵폐기물은 상온 핵융합 방식을 이용하여 다른 성질의 원소로 변화시켰다. 2040년대에 들어서면서부터 모든 건축물에 독립된 발전시설을 갖추게 되어 더 이상 공공 전력공급원이 필요하지 않게 되었기 때문이다.

주된 에너지원은 태양광이었다. 축전지의 획기적인 발달로 흐린 날이나 밤에도 태양광을 이용하는 데 아무런 문제가 없었다. 자연 태양광을 이용할 수 없는 지역의 건축물들은 주로 물을 통해 에너지를 충당했는데 약간의 소음이 단점이긴 했지만 발달된 수소핵융합 방식이 그것을 가능케 했다. 소형 수소핵융합 장치는 주로 대규모 공장단지의 동력원으로 이용되었다.

태양광을 비롯한 자연 에너지 활용 기술의 발전으로 21세기의 교통수단은 과거와는 전혀 다른 모습으로 변모하게 되었다.

우선 2010년대부터 10년 동안 기존의 모든 자동차들은 전기자동차로 대체되었다. 2020년대에 이르러서는 첨단 신소재의 개발로 차체 자체가 태양광 에너지를 받아들이는 동시에 저장할 수 있는 축전지 역할까지 했으며 우천시에도 사용이 가능했다. 오랫동안 태양광을 받아들일 수 없는 경우에는 곳곳에 설치된 에너지 충전소에서 급속충전을 할 수 있었다.

2030년대에는 교통수단이 한 차원 더 발전하여 자동차의 모습까지 바꾸어놓았다. 자동차에서 바퀴가 사라지기 시작했으며 외관도 종래의 자동차와는 현격하게 달라졌다.

고효율 수소폭발 엔진을 통해 얻을 수 있는 에너지를 상온초전도 작용원리에 적용시킨 자동차가 개발되었다. 모든 도로가 선로의 역할을 하게 되어 모든 자동차는 지상에서 30cm 정도 공중에 뜬 상태로 운행을 했다. 그전에 일부 사용되었던 제트엔진이나 공기분사식 공중부양 자동차와는 완전히 다른 것이었다.

모든 도시 사이에 연결된 지하터널을 운행하는 각종 소형 전차들이 주된 대중교통수단이 되었으며 소형 전차들 역시 자기부상식으로 만들어진 것들이었다.

장거리용 열차는 음속의 세 배까지 속도를 낼 수 있었는데 2050년 이후에는 치밀하게 짜인 지하 연결망을 통해 거의 자가용 수준으로까지 서비스가 확대되었다.

교통수단이 급속도로 발전하면서 그에 대한 반작용으로 수송방법에 복고풍 바람이 불었다. 집과 집 사이의 가까운 거리는 걸어가거나 자전거를 이용하는 사람들이 늘어났는데 그것은 신체단련을 위한 한 방법으로 특별히 선호되었다. 자전거만으로도 이미 상당한 속도를 낼 수 있었지만 위험성 때문에 일정한 속도 이상으로 빠르게 달릴 수 있는 자전거는 생산을 금지하고 있었다.

2070년대에는 각 대륙간에도 해저터널을 이용한 자기부상열차가 운행되기 시작했다. 그것은 음속의 10배까지 속도를 낼 수 있었기 때문에 태평양 횡단도 한 시간 정도로 가능해졌다. 그 때문에 21세기 초반에 극도로 번창했던 항공산업은 2070년대에 사양길에 접어들었다. 공중을 날 때 발생하는 소음은 물론 공중을 난다는 심리적 부담감에서 오는 스트레스 때문에 대다수의 사람들이 기피했기 때문이다.

공중촬영과 같은 특별한 작업은 인공위성에서 이루어졌고, 21세기 초반까지 농업에 사용되었던 항공기 역시 소자치구역 내에서 모든 식량을 자급할 수 있었기 때문에 더 이상 필요가 없었다.

단지 레저용으로 스릴을 만끽하기 위해 비행기 조종을 즐길 뿐이었는데 그것은 수직이착륙 장치가 부착된 프로펠러식 비행기에 한해서 허용되었다. 물론 기류의 갑작스러운 변화에 대한 안전장비로서 조종이 가능한 특수낙하산이나 조종석 분사장치를 갖춘 것이었다.

의학의 발전도 꾸준히 지속되어 모든 약제의 처방은 중앙의료시스템을 통해 이루어졌으며 의사는 단지 상담역과 결재역을 할 뿐이었다. 극소화 기술, 일명 나노테크가 발달되어 주사기를 통해 극소형 로봇을 인체에 투입할 수 있게 되면서부터 고전적 의미의 외과수술을 대신했다.

한편 2070년대에는 뇌에 대한 의학적 연구가 눈부신 성과를 이루어 특정인에게만 나타나는 심층심리적 우울증을 제외한 모든 종류의 정신질환은 치료가 가능해졌다. 심층심리적 우울증이란 환자 자신이 우울증을 즐기는 현상이었는데 그 원인은 안정된 사회제도의 역기능이라 할 수 있었다.

또한 바이러스 질환 역시 21세기 후반에 접어들면서 인구가 감소하자 생태계에서 자연적으로 사라지는 추세였다. 잃어버렸던 생식능력역시 자연스럽게 서서히 회복되었으나 이미 인구 증가율은 인구조절시스템에 의해 엄격하게 통제되고 있었다.

인구조절 시스템이란 생식능력을 갖고 있다고 판명된 사춘기 남자 청소년들에 한해서 간단한 단종수술을 시행하는 것이었다. 그 시술은 언제든지 생식능력을 복원시킬 수 있는 방식으로 시술을 받았던 소년들도 성장하여 본인과 배우자가 동시에 원하는 경우에는 복원수술을 받을 수 있었다. 이와 동시에 가족 개념이 부활되기 시작했고 공공탁아소는 서서히 그 역할이 유아교육기관으로 변해갔다.

이 과정을 거치면서 유전적 질환은 거의 사라졌고 인간의 평균수명은 100세 이상이 되었지만 더 이상의 인구 증가는 일어나지 않았다. 시스템이 내린 결론으로는 지구가 완벽한 낙원이 되려면 5억에서 10억 사이의 인구를 유지해야 한다는 해답이 나와 있었지만 그것은 당시의 과학 수준에 의해 산출된 것으로 완벽한 정답은 아니었다.

또한 그때까지 해오던 대로 강력한 인구조절 정책을 사용하면 23세기 중반에 가서는 그 숫자를 유지할 수 있다는 것에 인구공학자들과 정책입안자들이 동의하고 있었다. 그러나 그것은 그 후에도 현실로 나타나지는 않았다.

미국이나 중국 그리고 러시아와 인도 등의 거대 국가 정부들은 그 비효율성과 무용성 때문에 2050년대에 들어서면서 모두 해체되어 주 단위의 국가로 나뉘었다. 또한 그로부터 30년이 지난 뒤에는 아랍권을 제외한 아시아나 아프리카 국가들을 포함한 거의 대부분의 국가들이 소도시국가 형태를 띠게 되었다.

이슬람권 국가들을 제외한 모든 민족국가가 지상에서 사라지면서 자연스럽게 세계연방 통일정부가 탄생했다. 하지만 통일정부는 어디까지나 상징적인 의미일 뿐 행정력을 발휘하고 통제하는 20세기의 국가 개념과는 전혀 다른 것이었다.

국가 개념이 사라지면서 자연히 모든 국경은 사라졌고 여권이나 비자의 개념도 완전히 없어졌다. 그리고 각 도시국가들의 정치권 수뇌들은 이전의 정치가들과는 전혀 다른 임무를 수행했다.

시스템 관리위원회의 구성원이면서 도덕적 의식 수준이 일반인들보다 높은 사람들 중에서 무의식 수준에 대한 엄격한 테스트를 거친 이른바 정치공학 전문가들이 정치를 맡게 되었다. 그들은 일반인들보다 훨씬 이타심이 강하며 대사회적 가치관이나 신념이 확고한 사람들이었다.

그들에 의해 운영되는 정치 형태는 고대 중국인이나 그리스인들이 꿈꾸었던 이상국가(理想國家)의 모형과 닮은 점이 많았다. 그 결과 2090년경에는 정치의 가장 이상적인 형태라 할 수 있는 현인(賢人)들이 다스리는 사회의 모습을 갖추어가고 있었다. 그러나 이것 역시 잠깐 동안의 사회현상일 뿐 22세기 중반에 가서는 정치라는 형태 자체가 전적으로 변모하게 되며 다스린다는 개념까지도 사라져버렸다.

∞

자, 이제 나의 기억에서 잠시 빠져나오라.

그리고 당신의 현재에서 생각할 때

이 기록들이 의미를 갖는지를 생각하라.

질감이 느껴지지 않는 평면적 진술에 거부감을 느낄 수도 있겠다.

그것은 사실 속도에 대한 거부감이다.

지금 당신의 미래이자 내 기억 속으로의 여행을

계속하는 것이 망설여지는가.

그렇다면 미련없이 책을 덮고 여행을 끝내라.

더 이상 읽어나가는 것은 시간을 낭비하는 것이다.

그러나 책을 덮음으로써 천 년의 세계도

당신에게로 열려 있던 문을 닫게 될 것이다.

그리고 이 책을 빠져나가는 순간 홀가분하겠지만

당신의 미래와 의식의 확장은 거기서 멈출 것이다.

22세기
The twenty-second Century

—

스페이스맨을 꿈꾸는 젊은이들

우주공학의 시대가 열렸다. 3개월이면 화성에 도달할 수 있었고 젊은이들은 우주개척을 향한 열망에 들떠 있었다. 스페이스맨은 가장 각광받는 직업이 되었다.

22세기에 가장 활발하게 연구된 과학분야는 우주공학이며 그와 더불어 교통수단도 눈부신 발전을 이루었다.

음속 20배 이상의 속도로 날 수 있는 로켓이 개발된 데 이어 2130년경에는 무중력 공간에서 그보다 500배 이상 빠르게 이동할 수 있는 장치들도 발명되었다. 최고 속도가 음속의 1만 배 정도였으며 이는 광속의 100분의 1 정도에 이르는 속도였다. 그러한 속도를 낼 수 있는 엔진의 연료는 고체수소였다. 고체수소의 초저온 핵융합 방식을 이용하여 순간적으로 막대한 에너지를 얻어낼 수 있었던 것이다.

그 전까지 사용되던 로켓 엔진은 속도를 올릴 때 발생하는 높은 열을 감당할 수가 없었다. 그러나 새로운 소재의 발명과 더불어 등장한 초저온에서의 핵융합을 이용한 엔진은 그러한 문제점을 극복한 것이었다. 사실상 이것은 이름이 엔진일 뿐 20세기에 발명되어 이름 붙여진 엔진과는 완전히 다른 개념의 기계장치였다. 엔진이라고 하기보다는 초저온 핵융합로라고 부르는 것이 더 적절했다.

따라서 22세기 초에는 핵융합 로켓을 이용하여 태양계 안의 행성들을 쉽게 여행할 수 있었다. 이 우주선으로 지상에 직접 이착륙하는 것은 불가능했다. 우주공간에 설치되어 있는 우주정거장을 이용해야 했으며 지상에서 우주정거장까지는 접속용 스페이스 셔틀을 이용해야 했다. 스페이스 셔틀은 이미 21세기 중반에 개발된 것으로 달과 지구 사이를 쉽게 왕복했고 더 나아가 화성까지도 비교적 빠른 시간 내에 다녀올 수 있었던 수단이었다.

화성까지의 편도여행에 소요되는 시간은 지구와 근일점일 때 3개월 정도였다. 그때까지의 기술로는 우주선의 크기와 우주선에 3개월 치 이상의 공기와 물을 비축할 수 없었기 때문이었다. 그렇기에 그 이상의 여행을 진행하는 것은 불가능했다.

지구와 화성이 가장 가까울 때(근일점일 때) 지구를 출발하여 일단 화성에 도착하면 다음 근일점이 될 때까지는 어쩔 수 없이 화성에 머물러야 했으므로 2030년대부터 약 20년 동안은 로봇을 이용하여 화성기지를 건설했다. 화성기지 건설은 화성의 궤도를 도는 인공위성 우주정류장을 설치해놓고 지구에서 통신을 통해 화성에 설치해둔 시스템에 일일이 작업을 지시하는 방식으로 이루어졌다.

2050년대 중반에 등장한 새로운 스페이스 셔틀은 그때까지의 우주선과는 달리 연료를 레이저빔과 공기로 대체한 것이었다. 처음 어느 정도까지는 지구 위성에서 레이저빔을 발사하여 에너지를 전달하고 그 다음에는 화성의 위성에서 레이저빔을 발사하여 에너지를 전달하는 방식으로 초고온의 공기를 배출하여 추진력을 일으켰다. 하지만 이런 방식으로는 우주선의 크기에 한계가 있어 많은 인원을 화성에 보낼 수 없었다. 기껏해야 한두 명의 승무원이 탈 수 있을 정도였다. 하지만 22세기에 이르러 등장한 고체수소의 초저온 핵융합 로켓은 충분한 양의 연료를 탑재할 수 있어 대형 로켓의 여행을 가능하게 했다. 많은 인원이 함께 화성뿐 아니라 다른 행성들까지도 여행할 수 있게 되었다. 그때부터 우주산업은 전과는 그 차원을 달리했다.

지구와 달 사이의 우주공간에는 많은 우주정거장이 건설되었다. 지구 중력권 안에는 이미 인공위성들이 너무 많았기 때문에 우주정거장은 중력권 밖에 건설되었다. 거대한 우주선의 모양을 한 우주정거장은 우주모선이라 불렸다. 그 거대한 우주모선에 타고 있는 승무원의 수는 1만 명에서 많게는 3만 명 정도였다. 물론 2, 3천 명 규모의 작은 지선들도 있었으며 다음 세기인 23세기에는 50만 명에서, 많게는 100만 명의 승무원들이 생활하는 거대한 매머드급 우주기지도 등장했다.

우주모선이나 지선에 타는 사람들에게는 여러 가지 특전이 부여되었으며 승무원은 젊은이들에게 가장 인기 있는 직종이었다. 우주선의 승무원들은 지능지수와 체력검사를 받고 장기간의 교육과정을 거치는 등의 엄격한 기준을 통해 선발되었는데 교육기간 동안 특정한 과학분야의 마스터 학위증을 따야만 했다.

마스터 학위증이란 20세기의 박사학위와 비슷한 것으로서 그 과정이 2년 정도 더 연장된 것이다. 시험을 모두 통과해서 우주정거장의 승무원이 되면 특별히 스페이스맨이라는 칭호가 붙여졌고 은퇴할 때까지 여러 가지 특전이 부여되었다. 그들이 은퇴하여 고향으로 돌아가면 명사로서 사람들의 존경을 한 몸에 받았다.

또한 22세기에 들어서면서 화성과 달에 대규모 유인기지가 건설되었다. 이곳에 상주하는 사람들 역시 우주모선의 승무원 못지 않은 명예를 얻게 되었는데 약간의 위험성이 따랐기 때문에 개척자적 기질이나 모험심이 강한 남녀들에게는 우주정거장 승무원보다 더욱 매력적인 직업으로 동경의 대상이 되었다.

화성의 비밀이 밝혀지다

화성과 관련된 모든 가설과 억측. 그리고 기대는 사라졌다. 인류 문명의 기원은 그곳에 없었다. 여성들이 주도하게 된 22세기 사회의 주된 분위기는 정직과 진실이었다.

화성과 달의 유인기지 건설은 21세기부터 줄기차게 시도되었다. 초기에는 프로그램이 입력된 거대한 로봇들에 의해 작업이 이루어졌지만 일정한 생활공간이 확실하게 정비되고 난 후부터는 화성궤도의 우주정거장에 머물지 않고 직접 화성에 착륙해서 여러 가지 실험들을 할 수 있었다. 가장 먼저 시도한 실험은 유전자 변이를 통해 지구의 생물들을 화성이나 달의 환경조건에 맞게끔 정착시키는 것이었다.

물론 그것은 거대한 돔 아래 인공적으로 조성된 환경이었다. 거대한 돔은 반경이 20㎞, 높이는 약 5㎞ 정도 되는 타원형 반구였다. 그속에 각종 기계장치가 설비되어 지구와 비슷한 대기환경이 조성되었다.

그리고 조명 역시 12시간을 기준으로 지구와 밤낮의 길이가 같도록 조절했기 때문에 돔 내부에서는 특별히 그곳이 다른 외계라는 생각이 들지 않았다.

또한 돔 외부에 대한 조사 역시 활발하게 이루어졌다. 가장 역점을 두었던 조사 중 하나는 화성에도 생물체가 살았던 흔적이 있는가에 대한 연구였다. 이 연구는 지구 연방국의 핵심사업이었는데 최신장비를 모두 동원해서 지하 10㎞까지 샅샅이 뒤지고 다녔다.

화성에는 계곡과 산꼭대기의 높이 차이가 30㎞ 이상 되는 곳이 비일비재했다. 그런 환경을 가까이에서 직접 눈으로 바라본다는 것은 자연풍광에 대한 고정된 관념을 뒤흔들 정도의 공포스런 충격이었다. 하지만 이런 어려움에도 불구하고 탐사팀들의 노력으로 그동안 베일에 싸여 있던 사실들이 하나둘씩 밝혀졌다.

이전까지는 여러 자료에 근거하여 화성에도 생물체뿐 아니라 문명이 있었다는 가설이 세워져 있었다. 그리고 그 가설에 논리를 더하여 화성의 문명이 멸망한 이유까지도 가상 시나리오 차원에서 구성되어 있었다.

가설의 내용은 화성의 문명이 지구문명의 모태라는 것으로, 화성인들은 화성이 점점 죽어가는 별이 되는 것을 인식하고 삶의 터전을 지구로 옮겼다는 것이었다. 또한 그들은 장기간에 걸쳐 자신들의 유전자를 지구의 유인원과 교합시켜 유인원의 진화과정을 살폈으며 최종 모델로 삼았던 형태가 크로마뇽인이었다는 가설도 21세기부터 회자되고 있었다.

화성인들은 자신들의 문명건설에 지구 인류를 노동자로 활용하려 했으며 그 결과 지구에 문명이 탄생하게 되었다는 것이다. 그리고 급격하게 생태계가 변화한 화성을 버리고 지구로 완전히 이주하게 된 것인데 그 시기를 대략 기원전 5만 년 전후로 보았다. 그후 문명은 찬란한 정도의 수준에까지 이르렀는데 갑자기 지구의 기상이변과 환경변화로 그 문명 역시 멸망하고 말았다는 등의 내용이었으며 그것이 바로 '뮤'와 '아틀란티스' 문명이라는 것이었다. 하지만 당시의 과학 수준으로는 그 가설을 증명할 수 없었다.

그러나 22세기에 이르러 활발해진 화성 탐사는 화성의 역사와 지구 인류의 기원 사이에는 아무런 관련이 없음을 밝히는 데 중요한 단서들을 찾아냈다. 그것은 학계나 일반인을 막론하고 당시의 사회에 상당한 충격을 주어 우주를 바라보는 시각을 새롭게 했다. 결국 인류는 그들의 시야를 더 멀리 넓혀야 했다. 어쩌면 화성뿐 아니라 태양계 내에서 인류문명의 기원을 찾는다는 것은 일찌감치 포기하는 것이 현명한 일이었는지도 모른다(어쨌든 31세기에 이르면 그 모든 것이 밝혀지지만 그 당시의 인류는 크나큰 실망을 해야 했다).

22세기에 들어서면서 과거와는 완전히 상반되는 특별한 현상이 벌어지기 시작했다. 여성의 잠재능력이 두드러지게 발현되기 시작했던 것이다.

사실 21세기 후반에 들어서면서부터 남녀차별의 문제는 사회적으로 완전히 해결되어 있었다. 그뿐 아니라 여성들은 신체적 능력에서도 남성과 동등한 정도의 힘을 갖게 되었고, 여성이 남성보다 더 정서적이고 감성적인 반면 논리적 사고력이 뒤떨어진다는 식의 고정관념은 사라졌다. 즉 남녀차별의 문제가 그 근원적인 문제에서부터 해결된 것이었다.

22세기에 들어서면서부터는 형평을 이루던 남녀간의 능력 균형마저 조금씩 깨지기 시작했다. 여성이 모든 면에서 남성보다 우월한 능력을 갖게 된 것이다. 모든 사회적 권력의 핵심에서뿐 아니라 여러 분야에서 여성들은 남성들보다 훨씬 더 적극적이며 능동적인 역할을 수행했다.

물질과학이나 기타 학문 혹은 창조적인 직업에 종사하게 된 여성들이 남성보다 훨씬 많아졌다. 따라서 사회 분위기 역시 지난 세기와는 무척 달라졌다. 남성 위주의 사회였던 20세기나 21세기 초반까지는 사회에서 권모술수가 통용되었으며 권모술수가 능한 사람이 능력 있는 사람으로 여겨졌다.

하지만 22세기에는 그런 풍토가 완전히 사라졌고, 정직하고 논리적으로 치밀한 사람이 능력 있는 사람이 되었으며 사회 전반적인 분위기가 진실과 정직 위주의 사회로 변하게 되었다. 그것은 여성 위주의 사회로 변모하면서 나타난 가장 큰 특징이었다.

지난 세기에는 남성들 사이에서 아름다운 여성이 인기를 누렸지만 22세기부터는 능력 있는 여성들 사이에서 매력적인 남성이 인기를 누리는 사회가 되었다. 그리고 남성적 매력의 관점도 달라졌다. 근육질보다는 어딘지 가냘프게 보이는 지적 이미지가 인기를 끌었다. 하지만 이미 결혼제도는 사라져가는 낡은 제도였으므로 모계사회 같은 것은 형성되지 않았다.

단지 남성보다는 여성이 훨씬 더 섹스에 몰두하는 경향이 생겨났으며 섹스 어필하는 남성이 그 어느 시대보다도 단연 인기를 누리게 되었다.

지하도시와 해저도시로 이주하다

과학이 오존층을 파괴했다. 사람들은 돔을 세우고 그 아래에 지하도시를 건설했다. 더 이상 지구인의 머리 위에 해가 뜨지 않게 되었다.

도시의 풍경은 100년 전의 모습과는 판이하게 달라졌다. 21세기 초반에 남극 상공의 오존층이 파괴되기 시작한 후부터는 공업지대나 대도시지역 등 인구밀도가 높은 지역 순으로 오존층은 더욱더 얇아져갔다. 그리고 시간이 지날수록 얇아진 오존층의 범위는 점점 확대되었다.

결국 사람이 살지 않는 삼림지대나 시베리아 혹은 적도상의 밀림지대 등 인구밀도가 아주 희박한 지역을 제외하고는 지구 대부분의 지역에서 오존층의 두께가 생존을 위협할 정도로 얇아져버렸다.

그러나 그후 50여 년간 공해지역의 환경복구사업에 피나는 노력을 기울인 결과 지구의 산림환경은 상당히 호전될 수 있었다. 21세기 초반에 이미 원시림의 반 이상이 파괴되었지만 그 대신 시베리아 지역의 대규모 침엽수림을 비롯하여 지구 곳곳에 산림지대를 조성하여 대기오염을 해소시킬 수 있는 충분한 산소공급원을 갖추게 되었다.

그 무렵 인류는 전혀 예상하지 못했던 복병을 만나게 되었다. 그것은 21세기부터 이용해오던 지진방지 시스템의 부작용이었다. 20세기말에 이미 그 조짐을 보이기 시작했던 지진은 21세기 초반에 세계 각지역에서 다발적으로 일어났다. 그러나 철저한 관측과 대비를 통해서그 피해를 최소한으로 줄일 수 있었으며 2030년대에는 지하에서 핵폭탄을 폭발시켜 지진을 인공적으로 완벽하게 조절할 수 있을 정도까지되었다.

하지만 문제는 거기에서 그치지 않았다. 근 100년 동안 지하 핵폭발로 지진을 조절한 결과 대규모 화산활동을 일으키게 했던 것이다. 2130년대에 들어서 다급해진 각국 정부는 화산이 터질 조짐이 있는지역의 모든 주민들을 일찌감치 다른 지역으로 이주시키고 휴화산 상태의 지역에 핵폭탄을 이용해서 인위적으로 화산 활동을 일으켰다.

이 방법은 일시에 에너지를 방출시킴으로써 화산활동의 잠재력을조기에 안정시킬 수 있는 효과를 가져왔다. 이 방법으로 대규모 화산활동으로 인한 해일의 위기는 피할 수 있었지만 지구 대기권에 심각한 문제를 일으키게 되었다.

핵폭발을 이용한 인공적 화산활동 조절은 엄청난 양의 탄산가스를배출시켜 대기의 온실효과를 불러왔던 것이다. 이 온실효과로 인해해수면이 급격히 상승했고 대기의 성층권에 얼음구름이 형성되었다.

성층권에 형성된 얼음구름은 그나마 간신히 유지시켜오던 오존층을 복구가 불가능할 정도로 파괴해버리는 결과를 가져왔다. 그것은 인위적으로 화산활동을 일으킨 지 채 20년도 되지 않은 상태에서 나타난 결과였다.

그리하여 2150년대부터는 자외선을 비롯한 우주광선의 강력한 조사(照射) 때문에 도시들은 여러 가지 우주선(宇宙線)을 막아줄 특수한 재질의 대규모 돔을 건설하지 않을 수 없었다.

돔의 크기에는 제한이 따를 수밖에 없었기 때문에 일단 고층빌딩이 밀집해 있던 예전의 대도시 지역들은 돔을 건설하기에 적당하지 않아 제외되었다.

주로 대도시로부터 벗어난 풍부한 산림지대인 교외지역에 돔을 건설했으며 사람들은 그때부터 돔 속에서 생활하기 시작했다. 그러나 돔 역시 우주선으로부터 인류를 완벽하게 보호해주기에는 몇 가지 결함이 있었다. 이 때문에 22세기 말부터는 생활 터전을 지하세계나 인근 해안에서 가까운 해저세계로 다시 옮겨갔는데 해수면의 상승이 그 첫번째 원인이 되었다.

지상의 도시지역은 단지 거대한 돔만 있을 뿐 이전의 고층빌딩이 있던 풍경과는 많이 달라졌다. 새로운 도시들은 이름만 도시일 뿐 초원이나 황무지로 변했으며 그 아래 거대한 지하도시가 건설된 것이었다.

모든 사람들이 지하도시나 해저도시로 이주해 간 것은 아니었다. 소수이긴 했지만 고지대에 위치한 돔 속에 풍부한 산림을 갖추고 지상생활을 그대로 영위하는 사람들도 있었다.

특히 집단생활을 싫어하는 사람들은 일부러 그런 지역을 찾아 이주했고 도시생활을 좋아하는 사람들은 모두 지하도시로 옮겨갔다.

지상도시는 자연스럽게 정리되었다. 20세기의 마천루가 있던 몇몇 대도시들은 더 이상 사람들이 살지 않게 되어 유령도시처럼 변모했다. 그리고 돔이 없는 지상세계는 이전의 지구 풍경과는 완전히 다른 모습을 띠게 되었다.

지상 곳곳의 풍부하던 산림이 사라지고 그 대신 풀이 듬성듬성 나 있는 초원이나 황무지로 변했다.

돌연변이를 일으켜 강한 자외선과 우주선에도 적응해 도태되지 않았던 동식물들이 그곳의 주인이 되었는데 이전의 초원이나 사막에서 서식하던 것들과는 형태상으로 많은 부분이 달라져 있었다.

아라핫투스의 탄생

새로운 인종 아라핫투스가 탄생했다. 그들은 지배하려 하지 않았으며 조화를 최우선의 가치로 삼았다. 인류의 평균수명은 140세가 되었다.

22세기부터 섹스와 생식은 완전히 별개의 문제로 인식되었다. 일부 생식능력이 되살아난 사람들 사이에서 새로운 가족제도가 형성되기도 했지만 대부분의 경우 아이를 낳기 위해서는 정부기관의 허락을 통해 체외수정을 한 후 그것을 다시 자궁 속으로 이식했다. 이 경우 시스템이 모든 조건을 검토해서 가장 합리적인 선택을 내렸다. 따라서 유전적으로 질환이 있거나 나쁜 유전형질을 가진 사람들은 아이를 갖는 것 자체가 엄격하게 통제되었다.

그것은 바로 전 시대 사람들의 생식능력이 많이 떨어졌기 때문이기도 했지만 그와 동시에 엄격한 인구 관리가 지구 연방정부의 사업에 아주 중요한 과제였기 때문에 시스템에 의해 철저하게 통제될 수밖에 없었다.

이렇게 하여 22세기 초반부터 서서히 새로운 인종이 나타나기 시작했다. 니체라는 중세의 철학자가 초인이라고 불렀던 존재가 바로 그들이었다. 초인이란 소위 깨달음이라는 의식의 각성을 이룬 인간들로서 이들은 이전의 인류, 그러니까 그들의 부모세대에 비해 현저하게 높은 대뇌 사용률을 지닌 새로운 인종이었다. 깨달아서 초인이 될 수 있다는 의미에서 그들은 '호모 아라핫투스'라 불리게 되었으며, 아라핫투스란 말의 어원은 인도의 고대어인 팔리어에서 나온 것이었다.

물론 그 시대에 태어난 아이들이 모두 초인이 되는 것은 아니었다. 단지 지구상에서 세기에 하나 태어날까말까 했던 과거보다 그 출생빈도가 훨씬 높아져 태어나는 인구의 0.1% 정도가 초인이 될 수 있는 유전자를 가지고 있었는데 돌연변이라고 하기에는 출생확률이 너무 높았다. 이들 초인 인종들은 처음에 우려했던 것과는 달리 대중들과 자연스런 조화를 이루었다.

그들은 일반인과 격리 수용되었으며 집단생활을 했다. 물론 어디까지나 아동기의 교육기간 동안이었다. 그들은 사회를 지배하려 하지 않았으며 사회 발전에 공헌하고 더욱 안정된 조화를 이루려는 의식을 갖고 있었기 때문에 보통 사람들과 갈등을 일으키지 않았다.

이들 0.1%에 해당하는 소수인종은 그 능력에서 일반인들과 워낙 큰 차이가 있었으므로 일반인들과는 어떤 경쟁도 성립되지 않았다. 이들은 어릴 때부터 특수교육을 받았으며 교육의 주된 과정은 바로 심성수련이었다.

심성수련은 중세시대의 몇몇 사람들이 예언했던 사건인 성자들의 대거 출현을 의미했다.

22세기 후반부에 이를 무렵에는 사회구조의 최상위층은 아라핫투스 엘리트들로 구성되었다. 이 집단은 나머지 99.9%의 일반대중을 돕기 위해 태어난 자비의 천사에 비유할 수 있었다. 이러한 변종들이 생겨나게 된 가장 큰 이유는 인류의 전반적인 의식 각성 때문이었다.

고대의 이집트나 인도, 티베트 그리고 중국에서는 일정한 신체적 단련을 통해 잠들어 있는 대뇌의 능력을 각성시키는 전통이 있었는데 그것을 쿤달리니라고 불렀다. 쿤달리니에 이른 사람들은 대부분 종교의 교조가 되거나 성자로 받들어졌다. 쿤달리니는 아주 드물게 일어나는 현상으로서 신체에 매우 큰 변화를 일으켰다.

특수한 체질을 갖고 태어난 경우에는 부작용 없이 그 큰 변화를 감당할 수 있었고 또한 그것의 온전한 각성 자체가 가능했다. 이들 호모 아라핫투스들이 손쉽게 쿤달리니를 일으킬 수 있었던 이유는 그들의 부모세대 때부터 미약하나마 특수한 우주선에 노출되어 왔고 게다가 의식의 각성이 요구되는 사회적 분위기와 새로운 종을 필요로 하는 생태계의 요구가 맞아떨어졌기 때문이다.

그리고 또 한 가지 이유는 이들은 모두 강한 우주선에 노출되었음에도 불구하고 생식능력을 잃지 않은 부모들로부터 유전자를 이어받은 자들이기 때문이었다. 이들 아라핫투스들에겐 ESP라 불리는 초감각적 지각능력이 있어 일반사람들로부터 초능력자로 여겨졌다.

초능력자의 수가 엄청나게 불어나자 지구는 자연스럽게 계급사회가 되어갔는데 지배계급과 피지배계급이 대립되는 구도라기보다는 초능력자계급의 일방적인 봉사와 희생을 바탕으로 이루어진 복지적인 계급사회의 형태로 발전해갔다.

초능력자로 태어난 아이들과 그렇지 않은 아이들을 엄격하게 구별해 따로 교육을 받게 하는 제도가 마련되었고 사회의 모든 문젯거리는 이들 초능력자 출신들이 맡아서 해결하는 방식으로 전개되었다. 인간으로 태어난 이상 모든 사람들은 충분한 레저 생활을 누리며 살아갔고 사회는 그 어느 시대보다 인간 자체의 존귀함을 중요시하는 분위기였다.

물론 초능력자를 동경하는 아이들도 있었지만 그들 역시 사회문제를 야기시킬 만큼 맹목적이진 않았다. 아이들 역시 자신의 능력과 적성에 가장 적합한 위치에서 교육되고 배치되었기 때문이다.

이들의 지위는 세습될 수 없었는데 그것은 시스템이 아라핫투스끼리 결혼하여 이들만의 후세를 낳는 것을 반대했기 때문이다. 새로운 특권계층을 확산시키지 않으려는 시스템의 판단 때문이었다. 따라서 이들은 평범한 사람들과 체외수정을 시도했고 이것은 결과적으로 다음 세기에 이들의 숫자가 더욱 늘어나게 되는 원인이 되었다.

한편 21세기 중반부터 선진국을 필두로 하여 서서히 무너지기 시작했던 결혼제도가 22세기 초 즉 2110년경에는 지구상에서 대부분 모습을 감추었다.

사람들은 자신과 함께 교육을 받았거나 취향이 비슷한 사람들끼리 적게는 5, 6명에서부터 많게는 십수명 정도까지 일종의 대가족처럼 함께 모여 사는 공동체를 형성했다.

이들 공동체는 복수결합의 관계가 근원을 이루었고 예전의 대가족처럼 일부일처제도에서 파생된 혈연 중심이 아니었다. 대부분의 공동체는 국가에 등록되어 있었으며 공동체 안에서 아이가 태어나지 않는 경우에는 적정한 비율의 아이들이 그 공동체의 일원으로 입양되었다. 양육에 드는 제반 비용과 교육 수단에는 전적으로 정부의 지원이 따랐고 아이들의 교육은 공동체의 가장 큰 즐거움으로 받아들여졌다.

아이들이 자라서 성인이 되었을 때 여전히 그 공동체에 남을지의 여부는 어디까지나 본인들의 의사에 맡겨졌다.

2120년경부터는 정신과를 제외한 나머지 분야의 의사라는 직업이 의학기술자의 의미로 대체되었다. 정신과의사는 상담사라는 이름으로 이전의 의사 역할을 대신했다.

의학 부문에서는 여러 가지 외과수술의 눈부신 발전과 더불어 인간 장기의 단독배양이라는 고도의 기술까지 개발되었지만 정작 그런 장기를 이식받아야 할 환자들이 생겨나는 경우는 무척 드물었다. 그것은 예방의학의 눈부신 발전 때문이었다.

21세기까지 있었던 개인 주치의는 모두 시스템에서 제공하는 건강증진 프로그램으로 전용되었고 그것을 통해 사람들은 언제든 자신의 건강상태를 점검받을 수 있었기 때문에 의사가 필요없게 되었다.

의학의 연구는 생명공학자들이 맡아서 따로 연구했으며 더욱 완벽한 건강 프로그램들이 계속 개발되어 일반인들에게 적용되었다. 의학 프로그램은 일률적인 것이 아니라 개인차에 따라 완전히 세분화되어 있어 누구의 것도 중복되지 않을 만큼 완전한 개인치료 프로그램으로까지 확대되었다.

사람들은 누구나 병이 나면 자신의 프로그램에 의존하여 질병을 치료할 수 있었다. 어떤 질병이든지 모두 조기에 발견되어 치료되었기 때문에 사람들의 자연수명은 최대 140세까지 늘어났다.

그렇다고 해서 모든 병이 100% 완치되는 것은 아니었다. 인구 조절을 목적으로 감당할 수 없을 정도로 늘어나는 생태계의 자연발생적인 바이러스 질환이 끊임없이 발생했으며 그것이 어느 정도의 수명감소를 가져왔다.

나중에 밝혀진(그로부터 약 200년 뒤) 일이지만 바이러스 질병에 대한 완전한 해결책이 전혀 없었던 것은 아니었다. 그러나 시스템 스스로가 바이러스 질환의 치료에 약간의 유보적인 태도를 취했던 것이다. 당시로서는 시스템 속에 그런 생각이 존재하리라고는 정부 관계자(대부분 과학자)들까지도 예상하지 못했다. 그리고 죽음에 대한 문제는 여전히 인류 스스로가 해결할 수 없는 상황이었다.

120~130세까지 건강하게 살던 대부분의 사람들이 자연수명의 한계를 넘게 되면 어느 날 갑자기 생체 기능이 급격하게 떨어져 며칠 지나지 않아 죽었다.

과거에 의사라고 불렸던 의학기술자들은 이 죽음의 문제에 매달렸지만 유전자 자체에 내장되어 있는 생명시계의 기능을 완전히 통제할 수는 없었다.

돌연변이나 그 밖의 방식으로 인한 완전한 종의 변화, 즉 호모 사피엔스가 전혀 다른 어떤 존재가 되기 전에는 유전자 전체를 바꿀 수도 없었기 때문에 필연적인 죽음의 문제는 해결할 수 없었다.

사람들은 죽음을 받아들이는 방식으로 타협할 수밖에 없었고 노년에 이른 사람들 사이에서는 '죽음의 연습'이라는 가상현실 프로그램을 통해 죽음을 대비하는 풍습이 유행했다.

하지만 23세기 중반에 가서는 1세기 전에 태어난 몇몇 돌연변이 변종들 사이에서 일반인보다 수명이 긴 사람들이 나타났다. 그들은 일반인의 평균수명을 훨씬 넘기고도 건강하게 살았다.

신은 주사위 놀이를 즐긴다

긴장감을 느끼기 위해 사람들은 사이버섹스에 빠져들었다. 신물리학이론이 대거 등장하여 대통일장이론이 완성되었다.

지구상에 존재하던 많은 질병들이 극복되었지만 정신병 증세는 여전히 감소하지 않고 일정 수준을 유지했다. 유전자적 질환이나 뇌, 신경세포의 구조적 질환으로 오는 정신병은 거의 사라졌으나 긴장감으로부터 생기는 심리적인 질환은 사회가 안정되어도 끊임없이 생겨났다. 이러한 정신병적 질환 역시 자연수명 감소에 많은 영향을 끼쳤다.

안정된 사회에서 긴장감을 느낀다는 것이 모순으로 느껴졌지만 사실상 사람들의 마음속에서 긴장감이 완전히 사라질 수는 없었다. 사람들은 안정된 체제 속에서도 어느 정도의 아드레날린을 분비시킬 무엇인가를 계속 찾아야만 했던 것이다.

지나친 안정은 삶을 무기력하게 만들기 때문에 레저나 오락산업은 가상현실을 통해 일정한 모험심과 스릴감을 맛보게 하는 게임들을 계속해서 양산해냈고 어떤 것은 그 정도가 지나쳤다.

게임에 몰두하는 사람들은 현실과 가상현실의 혼동에서 일어나는 혼란을 겪지 않을 수 없었다. 물론 22세기 후반, 즉 2180년경에는 꿈조차도 마음대로 제어할 수 있는 무의식조절 프로그램이 개발되어 가상현실 혼동증으로 고생하는 사람들에게 상당한 도움을 주었다.

이러한 사회적 분위기 속에서 22세기에는 그 전 세기에 비해 가상현실 프로그램이 질과 양에 있어 눈부신 발전을 거듭했다.

가상현실 중에서 사람들의 건강을 위협했던 가장 큰 요인은 바로 사이버섹스였다. 그러나 그것은 개인의 기본권과 직접 연관이 되는 것이었기 때문에 정부가 쉽사리 통제할 수 있는 문제는 아니었다. 특히 젊은층의 사이버섹스를 통한 체력 감소는 심각한 사회문제가 되었으며 그것은 20세기의 마약 문제와 비견할 만한 사회문제가 되었다.

2140년대에는 신물리학이론들이 대거 등장했다. 그중에서 가장 대표적인 것이 대통일장이론이라는 것으로 중세의 마지막 세기인 20세기에 아인슈타인과 호킹을 위시한 많은 원시물리학자들이 기초를 세운 것이었다. 하지만 그들은 모든 힘들이 동일한 차원에서 서로 작용한다는 것에 대한 가설을 세웠을 뿐 그것을 실험으로 증명할 수는 없었다.

그들과 비슷한 시기에 활동했던 특출한 한 원시물리학자가 있었다. 그는 니콜라 테슬라라는 인물로서 지구에서 최초로 시간이동실험을 계획한 사람이었다.

그가 죽은 뒤 20여 년이 지났을 때 그의 이론에 따라 당시 사람들에게는 무척 황당하게 여겨졌던 실험이 시도되었는데 그 결과 핵잠수함을 이용하여 실제로 시간이동에 성공할 수 있었다.

그의 실험에 참여한 사람 중 몇몇이 실제로 천 년을 건너뛰어 지금 우리의 시간대(31세기) 속으로 떨어졌던 사건이 있었다.

물론 우리는 그들을 안전하게 자신들의 시간대로 다시 돌려보내 주었으나 그들은 그 사건 때문에 모두 광인으로 생을 마치고 말았다. 그리고 그들 편에 어떤 중요한 정보들을 알려주었지만 그것은 당시의 정치적 문제로 폐쇄되었고 그것의 연구결과는 발표되지 못했다. 제반 여건이 갖추어지지 않은 상태에서 너무 섣부르게 시간이동에 성공한 탓이었다.

사실상 지금의 세기에는 시간여행을 금기시하고 있다.

은하계의 어떤 행성이든지 그 행성의 문명이 발달하여 자신들의 힘으로 우주로 나아가는 과정에서 물리학의 발달 경로상 반드시 시간여행이라는 단계를 거쳐간다. 그런 과정은 하나의 통과의례인데 보통 상당한 혼란을 겪은 후에 시간여행을 금기시하는 것으로 마무리된다.

지구 역시 24세기 중반에 시간여행에 대한 공식적인 실험이 성공하게 되지만 그 이후로 많은 혼란을 겪었으며 더 이상 시간여행을 하지 않게 되었다.

결국 22세기에 가서야 비로소 극비리에 부쳐졌던 그 연구들이 공개되면서 그 후 약 100년이 지난 뒤에 대통일장이론이 완성을 보게 된다. 그리하여 '신은 주사위 놀이를 하지 않는다'고 말한 원시물리학자 알베르트 아인슈타인의 말은 대폭적인 수정을 피할 수가 없었다.

그의 말은 "신은 주사위 놀이를 즐긴다. 왜냐하면 어떤 값이 나오더라도 그 결과는 필연적으로 같아질 수밖에 없기 때문이다"라는 말로 바뀔 수밖에 없었다.

이것이 바로 대통일장이론의 결론이다.

이 이론의 완성을 통해 우주와 지구 그리고 그 속에 사는 생물체의 삶의 모습들은 반드시 그러한 양식과 행태로 이뤄질 수밖에 없다는 필연적인 당위성을 이해할 수 있었다.

그것을 동전으로 이해하면 지금 실존하는 한 가지 형태의 뒷면에는 그것과 모든 면에서 반대되는 형태가 잠재되어 있고 또한 그 양면의 합쳐진 모습이 제3의 형태로 중용의 모습을 띠고서 동시에 존재한다는 것이다.

20세기 말의 원시물리학에서 말하던 쿼크라는 최소 입자를 예로 들어보자. 이 쿼크는 한 방향으로 회전하는 동안 동시에 반대 방향으로 회전하려는 힘을 내재하고 있는데, 그 두 가지 힘이 합쳐져서 제3의 방향으로 회전하려는 성향이 곧 그 입자의 다음 운동으로 이어지게 된다.

그리고 그 운동의 방향성이 변화하는 속도는 광속과도 같아서 마치 동시에 여러 군데 존재하기도 하고 아무 곳에도 존재하지 않는 것처럼 보이게 하는 현상으로 나타나게 되는 것이다.

이것을 이름하여 당시 사람들은 '하이젠베르크의 불확정성 원리'라고 불렀다. 그것은 그때보다 200년이나 앞서서 헤겔이란 사람이 변증법이란 이름으로 예견한 바가 있었다. 하지만 그때 이후로 200년이 지난 22세기에는 그것을 다시 '확정성의 원리'라고 불렀는데 그것은 대통일장이론이 완성되었기 때문이었다.

31세기인 현재 고대과학사를 연구하는 지금의 역사공학자들은 그것을 '중용의 원리'라고 부른다. 그것은 지금부터 3500년 전에 지구상에 존재했던 고타마 붓다라는 한 천재적인 철학자가 발견한 원리이며 동시대의 노자라는 사람 역시 그 원리를 이해하고 있었다.

당시 고타마 붓다가 그 원리를 발견했을 때 그는 심리적으로 큰 충격을 받아 자신의 목숨을 버리려고까지 결심했었다. 그리하여 우리 시대의 몇몇 사람들(지구인이 아님)이 시간대를 뛰어넘어 그로 하여금 자살 충동을 버리게 하고 그가 발견한 원리를 우리들에게 설명해볼 것을 설득한 적이 있었다.

그가 발견한 대강의 이론을 그는 인과율 혹은 해탈의 길이라고 불렀는데 물론 그것은 22세기의 것보다 훨씬 치밀한 것이었고 25세기 말에 가서나 근세 물리학자들이 밝혀낼 수 있었던 내용이었다. 그가 죽은 뒤로도 과학이라는 학문체계를 빌리지 않고 그 원리를 이해한 사람들이 간혹 있었다.

가상현실도 현실이다

완벽한 부의 재분배와 경제 평등은 사람들의 욕망을 가상공간에 빠지게 했다. 그리고 주식을 사듯 여러 정부의 정책을 살펴본 후 정부를 선택하는 시대가 되었다.

　무의식 조절 프로그램과 더불어 2150년경에 바이오 신경칩이라는 것이 도입되기 시작했다. 일부 계층에서 호모 아라핫투스에 비견되는 놀라운 두뇌능력을 갖기 위해 두뇌 속에 고집적도의 바이오 신경칩을 내장하기 시작했다.

　나노테크라는 미세기술의 눈부신 발전으로 인체에 전혀 해를 주지 않고 장착할 수 있었지만 그것으로 인한 심리적 긴장감이 부작용을 불러와 정신병을 일으키는 원인이 되기도 했다.

　예를 들어 사람들은 잠을 자면서 꿈을 꾼다. 하지만 바이오 신경칩을 자신의 뇌 속에 삽입한 사람들은 수면 중에도 미리 정해진 프로그램을 삽입함으로써 꿈을 완전히 조절했던 것이다. 즉 바이오 신경칩이 내장된 사람들이 꾸는 꿈은 모두 인공적이고 의도된 것이었다. 그것은 무의식과 마찰을 일으키면서 상당한 긴장감을 초래했다.

　그 결과로 네오스키조프레니아, 즉 신정신분열증과 같은 질병이 생겨났는데 그것은 잠을 자지 않는 낮 시간에 무의식이 일종의 백일몽을 만들어내고 그것이 잠자는 동안 일어났던 조절된 꿈과 혼동되는 현상이었다.

　지난 세기의 정신분열증이란 단순히 현실과 꿈의 혼동이었지만 새로운 질병인 이 신정신분열증은 가상현실, 즉 입력된 꿈과 입력되지 않은 백일몽과의 혼동이었다. 하지만 이러한 질병이 꼭 사회적으로 해악만을 끼치는 것은 아니었다.

탐구정신이 뛰어난 몇몇의 생명공학자들은 낮 시간에도 자신의 바이오 신경칩을 컴퓨터 시스템에 연결하여 백일몽을 낱낱이 기록해놓고 무의식을 분석하는 자료로 활용했다. 그 결과 인간의 무의식 역시 객관적 입장에서 관찰할 수 있게 되었다. 같은 연구에 종사하는 사람들끼리는 자신의 백일몽을 기록한 매체들을 주고받는 풍습이 생겨났으며, 그리고 이 무의식적 백일몽을 통해 과거에 무심코 흘려버렸던 여러 가지 힌트들을 이끌어낼 수 있었다.

정신질환을 치료할 수 있는 프로그램이 없는 것은 아니었다. 원치 않는 정신질환으로 고통을 겪게 되면 가상현실을 통한 무의식 치료 시스템으로 90% 이상의 치료 효과를 볼 수 있었다.

치료 효과는 당사자에게 자신의 질환을 치료해야겠다는 의지가 있느냐 없느냐에 달려 있었다. 개인의 자유가 최대한 보장되어야 한다는 것이 당시의 가치관이었기 때문에 정부에서 개인의 정신질환을 조절할 수는 없었다.

사실상 당시의 정신질환자들은 자유의사에 의해 스스로 환자가 된 경우가 대부분이었다. 그들은 스스로를 가상공간 세계의 개척자 정도로 여기고 있었다. 대뇌 신피질의 신경 메커니즘이 거의 완전하게 밝혀진 당시의 정신질환자는 과거 시대의 컴퓨터 프로그래머들처럼 새로운 가상현실의 창조자 역할을 하고 있었던 것이다.

가상공간은 마치 새로운 땅에 대한 개인의 소유권과도 같은 것이었다. 경제의 완전한 평등으로 인해 눈에 보이는 물질세계에서 개인의 소유권이란 별 의미가 없어졌다.

소유욕에 대한 향수를 갖고 있던 소수의 사람들은 사이버 세계 내에서 자신들의 왕국을 건설해가고 있었으며 그러한 행위는 개인의 기본권 보장 문제와 관련되어 충분한 법률적 보장을 받고 있었던 것이다. 그로부터 30여 년 뒤에는 사이버 소유 행위가 대부분의 사람들 사이로 유행처럼 퍼져나갔다. 새로운 차원의 사유재산제도가 부활한 것이었다.

'너희 보물을 하늘에 쌓아두라'는 고대 경전의 격언이 실제로 가상공간에서 현실화되기 시작한 것이었다. 하지만 이런 일도 3세기 후에는 시스템으로 인해 생긴 질병인 후천성 가상현실 면역결핍증이라는 일종의 바이오시스템 바이러스에 의해 붕괴되기 시작했다.

2160년경 전혀 새로운 형태의 정부가 등장했다. 그 전까지는 모든 행정부가 단일정부의 형태였지만 새롭게 등장한 정부는 하나의 도시국가 안에 마치 주식회사처럼 여러 개의 행정부가 들어설 수 있었다.

하나의 도시국가 내부에서는 권력기관이 하나로 통일되었던 예전과는 달리 과거 세기의 사람들이 여러 개의 주식회사에서 주식을 사듯 여러 개의 정부가 공존하는 형식이 도입되었다.

처음에는 이것이 약간의 혼란을 야기했다. 공권력은 하나의 기관에 집중되어야 한다는 것이 일반적인 견해였기 때문이다. 하지만 최소한의 공공권력조차 인정하기 싫어하던 인간들은 그동안 머릿속으로만 그려보던 다정부 형태의 개념을 결국 실현시키기에 이르렀다.

여러 정부들은 각각의 정책 이슈를 내걸고 사람들에게 정책 제안을 하기 시작했다. 물론 그 정책이란 것은 사회 각 분야의 전문가들이 입안한 프로그램을 사회공학자들이 관리하는 시스템 시뮬레이션에 적용시켜 최종 분석을 마친 것들이었다.

당시에는 정책 시뮬레이션이란 것이 있었는데 카오스이론이 완전히 정착된 뒤로 자연현상뿐 아니라 사회현상마저 완벽하게 예상할 수 있도록 만든 것이었다. 그것은 물론 글로벌 컴퓨터, 즉 시스템이 완전히 통합된 후에 가능해진 일이었다.

어떠한 정책에 가장 효율적인 정부가 일시적으로 권한을 갖는 정치형태가 이루어지기 시작했다. 이것은 어떻게 보면 전통적인 정치 형태가 사라지는 것을 의미하기도 했다. 따라서 일반인들은 자신이 원한다면 누구라도 구시대의 주식회사 주주들처럼 자기가 지지하는 정부의 정치가가 될 수 있었고, 이러한 제도로 인해 정치가 존재하는 한 그 권력의 피지배계층이 반드시 생겨난다는 전제가 바뀔 수 있었다.

이러한 제도의 성공적인 정착은 부의 재분배와 직업의 완전 보장 문제에서 완벽한 평등을 이루었기 때문에 가능할 수 있었다.

22세기 후반, 즉 2180년대에는 인간의 언어 중 '부자'라는 단어의 개념이 완전히 변하게 되었다. 전에는 물질을 많이 소유하는 것이 부자의 조건이었지만 당시에는 가상현실을 많이 사용하는 사람이 부자가 되었다.

극소수였지만 가상현실을 싫어해서 아예 그 속으로 발을 들여놓지 않는 사람들도 존재했으며 그들은 일종의 걸인으로서 중세의 무전방랑자와 같은 생활을 했다.

모든 언어가 통일되다

새로운 환각제가 이슬람 제국을 변화시키고 붕괴시켰다. 범죄율 0%, 계급과 부의 평준화,
사유재산제도의 폐지 그리고 모든 언어가 통일되었다.

2150년대부터 이슬람 문화권의 단일정치세력이 무너지기 시작했다.
약 100년간 후진국으로 존재하던 그곳 거주민들 사이에서도 새로운
자각이 일어나기 시작했다. 타 지역과 비교했을 때 종교적 신념과 정
치권력의 결합에 의한 부작용이 너무나 컸기 때문이었다.

그동안 이슬람 문화권을 제외한 타 지역에서는 개인의 자유의지
확대가 정치 문제의 가장 큰 이슈로 여겨져왔다. 그에 반하여 이슬람
문화권은 오히려 사회통합에 더욱 박차를 가했으며 개인에게는 최소
한의 기본권만을 인정해왔던 것이다. 그 결과 산업 전반에서 모든 경
쟁력이 뒤떨어졌으며 더욱 폐쇄적인 사회로 고립되어갔다. 그들은 일
체의 공식적인 대외무역관계를 끊고 있었다.

21세기 초반까지 그들은 석유라는 화석 에너지를 팔아 막대한 부
를 축적했지만 그것이 다른 에너지 자원으로 대체되면서 그들의 경제
력은 급격하게 쇠퇴되었고 그 결과 베두인이라는 그들 선조들의 생활
방식으로 되돌아가게 되었다.

21세기에 창궐했던 바이러스 질환과 막대한 우주선의 조사(照射)
를 피해 그들은 일찌감치 바위동굴로 자신들의 생활 터전을 옮겨갔고
따라서 타 지역에 비해 생식능력을 많이 상실하지 않았다. 그들은 석
유를 팔아서 비축해놓은 자본을 대부분 바위동굴이나 지하세계 건설
에 투자했던 것이다.

그들은 자신들과 생활양식이 비슷한 동족끼리 강한 유대감을 갖게 되었고 급기야는 세계연방정부의 거주민으로 편성되는 것을 거부했다. 그들은 완전히 독립적인 경제체계를 갖추었으며 나머지 세계와는 격리되는 삶을 주장해왔다. 따라서 종교의 변용과 그에 따른 종교제도의 몰락을 가져온 타 지역과는 달리 그들은 더욱 강한 종교적 신념과 제도를 갖추게 되었다.

그들은 코란으로 세계를 지배하겠다는 그들 선조들의 바람과 비슷한 종교적 열망을 갖게 되었고 이것은 그들 소집단들을 엮어주는 하나의 끈이 되었다. 하지만 경제력이나 과학력에서 타 지역과 너무 큰 격차가 있었기 때문에 그들의 열망은 현실로 이루어질 수 없었다. 결국 특수한 종교성 때문에 그들 스스로가 원시사회의 수준으로 몰락해버린 것이다.

그들은 2150년경 자신들의 문호를 개방하고 타 지역과 교류를 다시 시작했다. 그 교류의 주된 요인은 어떤 약초 때문이었다.

그 약초에는 일찍이 지구상에서 발견되지 않았던 강력한 환각제 성분이 들어 있었다. 환각제 성분은 여러 우주광선들이 거침없이 내리쬐는 사막에서 생겨난 돌연변이 식물로부터 추출한 것이었는데 이전의 환각제와는 달리 약간의 중독성 외에는 어떤 부작용도 없었다. 또한 그 환각제에는 새로운 물질이 들어 있었는데, 그것은 인간 내부에 잠재된 초능력을 촉발시켜주는 물질이었다.

이 환각제가 들어 있는 식물은 이슬람 사회에 갑작스런 물질적 풍요를 가져다주었으며 100년 이상 고착된 그들의 삶의 형태를 빠른 속도로 변화시키게 되었다.

그로부터 30년이 지난 2180년대에 이르러 이슬람이 지켜온 단일체 정신인 종교적 신념이 결속력을 잃게 되었고 몇몇 소수 부족을 제외한 대부분의 거주민들은 속속 세계연방정부로 편입되었다. 22세기 말경에는 이슬람을 결속하고 있던 국가제도가 완전히 해체되었으며 모든 부족들이 하나의 세계연방정부로 편입되었다.

몇몇의 소수 부족들은 교류를 거부한 채 사막 한가운데의 지하세계로 들어갔는데 이들은 모두 환각 식물에 깊이 중독되어 있었고 놀라울 정도로 미래를 예견해내는 상당한 초능력을 갖추고 있었다. 하지만 그들의 그런 능력들이 전체 인류사회의 발전에 기여하지는 못했다. 대신에 그들은 수피라는 그들만의 오랜 전통인 은둔 방랑 현자들의 명맥을 이어나갔다. 이른바 네오수피즘이 바로 그것이었다.

22세기에 들어서면서 살인, 절도, 강간, 사취, 강탈 등 일반적인 범죄는 사실상 자취를 감춰가는 추세였고 2160년대에 이르러 범죄율이 제로 수준에 도달했다. 계급과 부의 평준화와 사유재산제도의 폐지 때문이었다. 하지만 새로운 형태의 범죄나 테러가 일어났는데 주로 시스템의 훼손 및 해킹이었다. 한 개인이나 단체가 다른 인간이나 단체에게 저지르는 범죄가 아니라 시스템이라는 인공생태계에 대항하는 것이었다. 물론 그런 범죄는 엄하게 다스려졌고 그런 범죄를 저지른 사람들은 한동안 격리 수용되어 무의식 교정 과정을 거친 뒤에 통신 단말기를 압수당한 채 시스템이 작용되지 않는 오지나 한적한 곳으로 추방되었다. 시스템의 특성상 시스템은 오직 시스템 접속기를 통해서만 해를 입거나 파괴될 수 있기 때문이었다.

22세기는 한마디로 모든 문화·사회·체제가 통합으로 향하는 시기였다. 2180년경에는 통합의 밑거름이 되는 세계 언어의 완전한 통일이 이루어졌다. 이러한 상황은 핵가족제도의 붕괴 이후 약 100년간에 걸친 사회교육체제 때문이었다. 물론 그전에도 개인용 컴퓨터를 통한 완벽한 자동번역 기능으로 의사소통에는 전혀 문제가 없었지만 사고의 통일이라는 목표를 위해 지구연방정부는 이 일을 꾸준히 진척시켰다. 언어가 통일되면 그 구성원들의 내밀한 사고방식 역시 통일될 수 있다는 발상에서였다.

물론 이러한 정책은 21세기에 국가간 통상조절 시스템이 내린 가장 합리적인 결정을 뒷받침하는 것이었다. 세계 언어의 통일은 그로부터 약 3세기 후에 일어나는 전체 인류의 종의 진화에 강력한 동인이 되었다.

∞

당신과 다시 이야기를 할 수 있게 되어 기쁘다.

사실 나의 기록들이 좀 건조한 편이어서

당신이 읽기에 거북스러운 면도 있으리라 생각한다.

그러나 과거의 기억을 정리하면서 내가 지키려 하는 원칙은

'나를 배제하는 것'이다.

나의 과거 즉, 당신의 미래를

더 사실적이고 더 객관적으로 보여주고 싶기 때문이다.

잠시 머리를 식히기 위해 이런 상상을 해보자.

'22세기에 이루어지는 일들 중 어떤 것에 가장 마음이 이끌리는가.'

이것은 곧 당신 자신이 어떤 성향의 사람인가를

들여다보는 계기가 될 수도 있다.

혹시 당신이 여성이라면 당장 22세기로 뛰어들어가

남성들 위에 군림하고 싶은 충동을 느꼈을지도 모르겠다.

혹은 당신은 초인적 능력을 가진

호모 아라핫투스가 되고 싶을지도 모르겠다.

그러나 이미 밝혔다시피 아라핫투스의 힘은 지배가 아니라

봉사를 위해 사용된다는 것을 명심해야 한다.

∞

그래도 호모 아라핫투스가 되고 싶은가.
그렇다면 당신은 지극히 이타적인 사람이다.

언어의 통일에 대해서는 어떻게 생각하는가.
지금 모국어가 아닌 어떤 언어가
당신의 미래를 제한하고 있다고 생각한다면
통일된 언어를 갖게 되는 시기가
당신의 세기로 앞당겨지지 못한 것이 안타까울 것이다.
물론 22세기 이후로는 언어 때문에 생기는 문제는 없다.
그러나 오로지 하나만 존재한다는 것이
다 좋은 건 아니라는 걸 알아야 한다.
그래도 언어의 통일이 더 빨리 이루어졌어야 한다고 생각하는가.

당신의 종교는 무엇인가.
이슬람이라는 종교와 그들의 문화에 대한 당신의 생각은 어떤가.
이슬람교가 가장 오래도록 자신들의 정체성을
보존한다는 기록에 수긍할 수 있는가.

∞

자가판단은 이 정도로 해두자.

쉬는 시간이 오히려 더 머리 아픈 시간이

될 수도 있겠다는 생각이 든다.

자, 이제 다시 여행을 시작하자.

PS : 22세기를 세밀하게 읽었다면 당신은 내가 어떤 시간대를 살고
있는지 알아차렸을 것이다. 그렇지만 파악하지 못했다고 해서 다시
읽을 필요는 없다.

23세기
The twenty-third Century

—

우주인을 만나다

인류는 지성으로부터 해방되기 시작했다. 퇴화되었던 감성을 되찾았으며 '아는 것으로부터의 자유'를 얻었다. 감성의 촉발이 우주인을 만날 수 있게 해주었다.

23세기에는 인류가 지닌 의식의 방향이 근본적으로 바뀌었다. 그전까지는 물질과학의 발달과 급격한 환경변화 때문에 사람들이 자신의 내면으로 눈을 돌릴 여유가 없었다. 자연의 변화에 적응해서 생존하는 것이 가장 큰 문제였기 때문이다.

23세기에 들어서면서부터 사람들은 마음의 여유를 갖기 시작했다. 그리고 이 무렵 전 세계적으로 널리 퍼진 '스파이마'라는 환각물질에 힘입어 사람들의 오감은 극도로 예민해졌다.

확장된 오감은 사람들의 의식 형성에도 크나큰 변화를 일으키기 시작했다. 그 이전 세기까지를 이성의 시대로 본다면 23세기부터는 감성의 시대가 시작되었다고 볼 수 있다. 이때부터 인류는 사실상 본격적인 진화를 시작했다.

인류의 문명이 시작된 뒤부터 이 시점까지 문명은 꾸준히 발달해 왔지만 인간 자신은 진화를 멈추고 있었던 것이다. 엄격한 의미에서 볼 때 문명의 발전을 인간의 진화로 볼 수는 없었다. 인간은 지성의 발전을 거듭했지만 그 지성으로 인해 발생한 이데올로기는 극복하지 못했다. 다시 말하자면 인간은 지성의 동물이었을 뿐 감성 차원에서는 무척 퇴화된 존재였다.

사람들은 그동안 자신이 옳다고 믿는 바에 따라 행동했고, 또한 그 것이 사회규범의 기초를 이루었다. 그러한 기초 위에 모든 철학과 종교 그리고 도덕이 형성되었던 것이다. 하지만 23세기에 들어서면서부터 사람들은 자신의 지성으로부터 해방되기 시작했다. 그들은 로봇처럼 자신들의 두뇌에 입력된 대로 행동하지 않았다. 그때까지의 도덕성이나 사회규범들은 서서히 설득력을 잃어갔다.

드디어 인간은 자신이 옳다고 믿는 것에서부터 행동의 자유를 얻기 시작했다. '아는 것으로부터의 자유'가 비로소 실현되기 시작했던 것이다. 의식의 자유는 곧 의식의 혁명으로까지 이어졌다. 그렇다고 해서 23세기에 물질과학이나 시스템공학 같은 분야가 발달하지 않은 것은 아니었다. 오히려 발달된 초감각적 지각력 때문에 더욱 큰 발전을 이루었다.

물질과학의 발전으로 2210년경에는 드디어 광속의 절반 수준에 도달하는 우주선이 탄생하게 되었다. 이러한 발명은 사람들의 관념이 근본적으로 바뀌면서 가능해졌던 것이다. 과거의 동력추진 방식과는 전혀 다른 방식이었는데 연료를 폭발시켜 나오는 에너지가 아닌, 그저 우주공간에 방사되고 있는 우주광선을 붙잡아 에너지원으로 사용하는 방식이었으므로 더 이상 우주선에 연료를 싣고 다닐 필요가 없어졌다. 새로운 에너지원의 개발은 인간을 태양계 밖으로 벗어날 수 있게 해주었다.

모험심 강한 사람들을 중심으로 선발대가 조직되었고 인류는 드디어 태양계 밖 여행의 장도에 올랐다. 하지만 그 여행은 몇 번의 실패로 이어졌다. 태양계 안과 밖은 강력한 자기폭풍 같은 막으로 분리되어 있었으므로 그 막을 뚫고 나가기가 쉽지 않았다. 마치 20세기에 지구 중력권을 벗어날 때의 어려움과 유사한 현상이 일어났던 것이다. 하지만 그러한 태양풍 역시 개척자들의 희생과 몇 번의 시행착오를 통해 극복할 수 있었다.

2215년경에는 우리 태양계에서 가장 가까운 항성인 프록시마에 도달할 수 있었다. 이 별은 센타우루스 자리에 위치하는데 지구에서 약 4.3광년 떨어져 있다. 그로부터 약 5년 뒤인 2220년에는 우리 태양계로부터 8.7광년 떨어진 큰개자리의 시리우스에 도달했다.

시리우스계의 행성군에 도달했을 때 그때까지의 지구 역사상 가장 획기적인 사건이 일어나게 되었다. 외계 지성체와의 직접적인 만남, 물질 차원의 만남이 이루어졌던 것이다.

만남 그 자체만 말한다면 그때가 처음은 아니었다. 과거에 있었던 외계 지성체와의 만남은 그들의 일방적인 방문에 의해 이루어진 것으로 개인적이며 사적인 차원, 혹은 정신적인 차원에서의 만남이었다.

하지만 인간이 스스로의 힘으로 자신이 만든 우주선을 타고 머나

먼 우주를 항해하여 다른 지성체와 만났다는 사실은 인류에게 18세기의 산업혁명 이상의 의미였으며 그것은 인류 전체의 의식에 하나의 분수령을 이루었다.

그곳에 살고 있는 휴머노이드(인간형 육체) 타입의 우주인들은 수천 년 동안 여러 차례 지구를 방문했고, 또 지대한 관심을 갖고 지구를 지켜보고 있었다. 하지만 지구상에 과학문명이 들어서면서부터 그들은 지구인과 직접 대면하는 방식의 만남을 유보하고 있었다. 그 이유는 대등한 입장에서의 만남을 바랐기 때문이었다.

그들은 과거의 지구인들이 생각했던 것 같은 신적 존재가 아니었다. 그들 역시 지구인과 같은 창조물이었던 것이다. 그들은 자신들의 별을 방문한 지구인들을 형제로서 환대하였다. 그리고 방문 선물로 은하계의 역사에 대해 상세히 설명을 해주었다.

은하계 역사는 일종의 홀로그래픽 자기테이프에 담겨 있었다. 지구인들은 그 테이프를 통해 마치 입체영화를 보듯이 은하계에 존재하는 휴머노이드의 역사를 배울 수 있었다. 그들은 지구인을 더 이상 미성숙한 창조물로 생각하지 않았다. 지구의 아이들이라고 생각하지 않고 그들의 동료로서 대해주었다.

그들은 오랫동안 이러한 형식의 만남을 기다려왔다고 말했다. 하지만 그들을 만났다고 해서 인류가 안고 있던 모든 문제가 해결된 것은 아니었다. 사실상 그때부터 더욱 심오한 문제가 시작되었다. 그때까지 인류의 문제는 지구 내부의 문제였지만 이 만남을 통해 은하계 전체의 문제가 지구인과 무관하지 않다는 것을 알게 되었던 것이다. 이런 문제들은 그 후로 시간이 지나면서부터 서서히 그 실체를 드러냈다. 그리고 지구인들은 그것을 자신의 문제로 여기고 용감하게 그 문제 속에 뛰어들어 해답을 찾으려 했다.

두 번째 성의 해방, 포르노가 사라지다

상대방을 수단으로 생각하는 섹스는 사라졌다. 이제 섹스는 진정한 사랑을 확인하는 행위가 되었다. 사이버섹스에 존재하던 음란, 도색의 개념은 더 이상 존재할 수 없었다.

23세기 초반부터 도덕률은 그 기본 토대부터 바뀌어가고 있었다. 사유재산제도가 무너졌음에도 일부일처의 가족제도는 22세기가 저물 때까지도 여전히 사람들의 관념 속에 굳게 뿌리박고 있었다.

물론 그 이전 세기부터 일부일처의 전통적인 결혼제도는 사라졌으나 남녀간의 사랑은 여전히 한 명의 남자와 한 명의 여자 사이에서 이루어지는 것으로 인식되고 있었다. 다시 말해 두 사람 이상의 배우자를 동시에 사랑할 수는 없었던 것이다. 그것은 제도의 문제 이전에 자리한 의식의 문제였다.

인간의 감성과 지성이 통합되지 못했던 까닭에 남녀가 동시에 복수 형태로는 사랑할 수 없었던 것이다. 하지만 23세기에 들어서면서부터 그런 의식은 서서히 극복될 수 있었다.

동시에 여러 명의 배우자를, 그것도 진정으로 사랑할 수 있다는 의식의 변화가 생겼다. 동시에 여러 명의 배우자를 사랑하면서도 죄의식이나 질투 같은 부정적 감정은 개입되지 않았다. 그것은 이기적이거나 자기중심적인 관점을 벗어났기 때문에 가능했던 것이다. 물론 그러한 의식의 변모에 가장 큰 역할을 한 것은 스파이마였다.

사람들의 의식이 변하면서 남녀간의 섹스행위는 하나의 의식(儀式)처럼 변해갔다. 과거에는 폐쇄적인 장소에서 은밀하게 이루어지던 것이 공개적이고 개방적으로 변해갔다. 이제 그것은 더 이상 사생활의 영역이 아니었다. 고대 밀교의 탄트리즘 의식과 같은 맥락의 행위가 되었다. 섹스행위 자체는 쿤달리니를 각성시키는 하나의 명상이 되었으며 자연스런 에너지의 흐름이 되었다. 에너지의 소용돌이를 통해 제 3의 어떤 감각이 일어나는 것을 여러 명의 성행위 당사자들이 지켜볼 수 있었다.

섹스에서만큼은 상대방이 더 이상 수단이 아니었다. 인간 자체가 목적이라는 관념이 섹스를 통해 현실로 이루어졌던 것이다.

그것은 지난 세기까지 사람들이 몰두하던 사이버섹스와는 비교할 수 없는 차원의 것이었다. 사이버섹스에서는 상대방이 어디까지나 하나의 수단이었다. 자신의 즐거움과 엑스터시를 위한 하나의 통로였을 뿐 그 이상의 어떤 의미도 없었다. 그렇기 때문에 사이버섹스에는 음란이나 도색이라는 개념이 남아 있었다. 물론 사이버 내에서도 어떤 인물을 정신적으로 사랑할 수는 있었다. 하지만 그 사랑 역시 자신이 흥분하고 즐거워하는 데 필요한 요소로 작용할 뿐이었다.

사이버섹스에 몰두하는 동안에는 결코 에고(자신)가 사라지고 자존심이 녹아드는 사랑을 이해할 수 없었다. 그러나 섹스행위가 쿤달리니를 각성시키는 하나의 의식이 되면서부터 섹스행위는 생명에너지를 충일하게 하는 것이 되었다. 섹스행위가 이루어지는 곳은 진정한 의미의 사랑과 성이 합일을 이루는 곳이었다.

포르노라는 개념은 더 이상 지구상에 존재할 수 없었다. 강제적으로 규정하는 제도가 아닌 의식으로부터 성의 해방이 일어난 것이다. 이를 두 번째 성의 해방이라고 불렀다.

감각공학이라는 새로운 학문이 2230년대에 형성되기 시작했다. 오랜 기간 동안 스파이마의 섭취를 통해 초감각적 통찰력이 생겨나면서 사람들은 다시금 원시시대로 되돌아갈 수 있었다. 문명이 시작된 이후 멈춰버린 인간 본능의 진화가 다시금 진행되기 시작했던 것이다.

일상생활에서 언어의 사용이 점차 줄어드는 현상이 나타났다. 같이 생활하는 구성원간에 하나의 공감대가 형성되면 동시에 텔레파시와 같은 일종의 초능력이 생겨나 언어를 통하지 않고도 서로의 마음을 주고받을 수 있게 되었던 것이다.

이러한 현상은 22세기부터 시작된 새로운 교육제도의 결과이기도 했는데, 이 제도의 핵심은 인지능력 개발보다는 감성능력 개발에 역점을 두는 교육방법이었다. 사람들의 의식은 언어와 관계없이 서서히 통합되기 시작했다. 그러한 과정을 거치면서 과거의 종교에서 자주 언급되었던 신의 속성에 대한 진정한 이해가 생겨나기 시작했다.

그러나 멀리 떨어져 있는 상대와는 여전히 기계적 통신수단을 사용해야 했다. 가까이 있는, 손으로 만질 수 있거나 서로의 냄새를 맡을 수 있거나, 육안으로 보이거나, 소리치면 들리거나 하는 근거리 즉 오감의 범위가 미치는 영역 내에서만 텔레파시가 가능했기 때문이다. 감각공학자들은 원거리에서도 동시에 오감의 교류가 가능한 통신수단을 연구하기 시작했다.

쉬운 일이 아니었다. 상대방의 모습을 보거나 목소리를 듣는 것은 쉬운 일이었지만 촉감을 느끼고 냄새까지 맡을 수 있는 통신수단은 2250년경에 가서야 현실화될 수 있었다. 그것 역시 일종의 무선장치 즉 전파를 이용하는 방식으로서 이것은 나중에 세기를 거듭하면서 공간이동을 가능케 하는 기초 이론이 되었다.

인간복제의 꿈이 사라지다

유기체의 세포와 동일한 기능을 하는, 감정을 지닌 시스템칩이 발명되었다. 감정을 지닌 로봇이 생겨났으며 인간복제의 꿈은 실패로 돌아갔다.

2250년경에는 감정을 지닌 시스템칩이 발명되었다. 그러한 발명품이 나왔다는 것은 인간의 감정 작용에 대한 메커니즘이 완전히 파악되었음을 의미했다.

그것은 또한 반도체 작동 원리가 소립자 수준에까지 이르렀음을 의미했다. 하지만 인간의 대뇌 능력과 시스템의 능력은 여전히 비교할 수 없을 정도였다. 과학의 수준이 인간 대뇌만큼의 능력을 지닌 독립적인 시스템을 만들 정도에 이르지는 못했던 것이다. 당시의 전체 시스템은 어떤 인간보다도 뛰어난 능력을 갖고 있었지만 그것은 한 명의 인간과 비교했을 때의 경우였다.

기계가 감정을 갖게 되었다는 것은 시스템과 인간의 경계선을 허무는, 다시 말해서 기계 발전의 궁극적인 차원이라고 볼 수 있었다.

　기계공학 분야에서는 이미 그 한계점에 이를 만큼 눈부신 발전을 이루고 있었지만 로봇은 여전히 단순한 하나의 시스템에 불과했다.

　기능면에서는 인간과 로봇이 잘 구분되지 않을 정도로 로봇의 동작은 자연스러웠다. 어떤 악기라도 어느 정도의 자체 학습기간을 거치고 나면 능숙하게 다룰 수 있을 정도였다. 하지만 로봇은 어디까지나 로봇이었다. 그것은 입력된 자료를 통해서만 가장 합리적인 판단을 내리는 시스템일 뿐 감정이라고 부를 만한 어떤 요소도 들어 있지 않았다. 당연히 인간과 로봇 사이에는 어떤 우정이나 사랑의 감정도 생겨나지 않았다.

　하지만 로봇이 유기체의 세포와 동일한 기능을 하는 시스템칩으로 감정의 요소를 갖추게 되면서부터 인간과 가까워질 수 있는 계기가 마련되었다. 감정을 지닌 시스템칩의 발명은 25세기에 탄생하게 될 안드로이드의 토대가 되었다.

　로봇과 안드로이드의 차이점은 외부 형태에 있는 것이 아니다. 그 둘의 구분 기준은 감정을 갖느냐 갖지 않느냐에 있다. 로봇은 스트레스를 받지 않았으며 불행이나 괴로움도 몰랐다. 그러나 안드로이드는 타인과의 관계에서 스트레스를 받을 수 있었다. 그것은 행불행을 아는 능력으로 이어졌다. 또한 로봇은 꿈을 꿀 수 없었으나 안드로이드는 꿈을 꿀 수 있었다. 그것도 꿈 조절 프로그램의 입력에 의한 것이 아니라 자기 스스로 꿈을 꿀 수 있는 것이었다.

　각 정부에서는 21세기 초에 복제인간 실험을 법으로 엄격하게 금지

했다. 그러나 이런 법적 규제에도 불구하고 적지 않은 사설 연구단체들이 비밀리에 엄청난 자본을 투입하여 복제인간 실험을 꾸준히 진행해왔다. 이러한 실험에는 이미 죽은 사람의 세포를 이용하는 것이 나름의 불문율이었지만 점차 음성화되어가면서 나중엔 그러한 원칙마저 지켜지지 않았다.

결국 복제실험은 어렵게 성공했지만 반드시 어떤 특별한 환경 속에서만 복제가 가능하다는 한계가 있었다. 그것은 복제된 수정란이 여성의 자궁 속에 있을 때만 세포분열을 시작하여 인간으로 탄생할 수 있다는 점과 성장 속도를 자연인의 정상적인 성장 속도보다 더 앞당길 수 없다는 점이었다. 따라서 난자의 핵을 제거한다는 점만 제외하면 일반적인 인공수정과 별반 다를 바가 없었다.

다시 말해 인간의 몸을 빌리지 않고 인큐베이터 속에서 복제인간이 탄생하는 것은 불가능했고, 또 일반적으로 상상하고 짐작했듯 처음부터 성인으로 만들어질 수는 없었다. 자궁 내 이식을 통한 수정란 복제체의 성장은 가능했지만 기계설비 속에서 복제인간을 만들 수는 없었던 것이다.

자궁과 똑같은 환경의 완벽한 조건을 갖춘 인큐베이터에서는 아무리 수정란을 착상시켜봐도 복제수정란은 절대로 세포분열을 계속하지 못했고 어느 정도의 수준에서 성장을 멈춰버렸다. 복제수정란에 대한 다양한 실험이 행해졌지만 실험 결과 그것은 일반 조산아와 꼭 같았다.

당시의 생명과학으로도 인큐베이터에서 살릴 수 없었던 일반 조산아와 마찬가지로 복제수정란에서 태아로 자란 조산아도 인큐베이터에서 살릴 수 없었다.

복제수정란을 만들어내는 것까지는 성공했지만 애초의 계획처럼 기계장치를 이용한 인간복제는 불가능했던 것이다. 인간의 자궁을 빌리지 않은 상태에서 인간을 창조해보겠다는 계획은 보기 좋게 실패하고 말았다.

하지만 비록 인간 창조의 실험은 실패로 돌아갔지만 수많은 시행착오의 부산물로서 모든 장기의 단독배양이 가능해질 만큼 22세기의 의학 기술은 향상되었다.

2270년대에 들어서야 비로소 인공자궁, 즉 인큐베이터 내에서의 수정란 착상이 가능하게 되었다.

인큐베이터를 시스템에 직접 연결시키고 인공감성과 인공지성을 주입하여 인큐베이터를 하나의 인격체화함으로써 수정란으로 하여금 그것이 진짜 생체라고 믿게 하는 방법이었다.

수정란이 단순한 생체가 아니라 영적인 요소를 띠고 있는 존재라는 사실을 알게 됨으로써 고안하게 된 방법이었다. 이런 시도가 성공할 수 있었던 것 역시 스파이마의 복용으로 과학자의 인식 영역이 영체에까지 확장되었기 때문이라고 볼 수 있다.

인공자궁은 더욱 발전하여 몇 세기 후에 인간이라는 육체를 입고 지구를 방문하려는 모든 우주영체들을 지구인으로 태어날 수 있도록 하는 통로가 된다.

내가 꾸는 꿈인지, 나비의 꿈인지…

영혼의 통로 무의식의 세계를 보다. 종교와 철학 그리고 물질과학이 통합되어 '정신공학'이 탄생했다. 정신과 물질을 통합하는 기억 네트워크가 발견되었다.

인간복제 실험을 거치는 동안 과학자들에 의해 영혼에 대한 연구가 본격적으로 진행되었다. 그들은 정신과 영체라는 분야에까지 학문 영역을 넓혀나갔다. 그 여파로 신에 대한 인식이 새롭게 조명되기 시작했다.

과학자들은 2290년대에 이전까지와는 전혀 다른 각도로 유전자에 대해 연구해나가기 시작했다. 그것은 바로 무의식에 대한 연구였다.

지난 세기까지 뇌에 대한 연구는 눈부신 발전을 이루어 표면의식과 뇌의 메커니즘을 완벽하게 밝혀냈지만 무의식에 대해서는 아직도 여러 가지 가설들을 검증하는 수준이었다.

그러나 23세기에 들어서면서부터 몇 가지 가설들이 확고하게 정립되기 시작했다. 그것은 무의식이 광대한 기억정보의 바다이며 이 기억정보가 표면의식과는 전혀 다른 방향으로 네트워크를 형성하고 있다는 것이었다.

과학자들은 이 네트워크에 초점을 두고 연구하기 시작했다. 가장 놀라운 사실은 이 네트워크에 경험해보지 못한 것에 대한 기억까지 포함되어 있다는 점이었다.

몇몇 과학자들은 그러한 현상을 '기억의 공유'라고 불렀으며, 보이지 않는 기억의 공유라는 하나의 거대한 통신체계로 사람들이 연결되어 있다는 사실에 서서히 눈을 뜨기 시작했다. 유전학만으로는 설명할 수 없었던 천부적 재능이나 소질들에 대한 것들이 바로 이 기억의 공유체계와 연관된다는 사실도 확인하게 되었다.

　과거 동양의 종교들은 이 기억의 공유체계를 윤회, 전생의 개념으로 이해했다. 이로부터 다음 세기의 과학자들은 이 기억의 공유체계에 전적으로 매달리게 되었고 그 결과 학문의 새로운 경지를 일구어내기 시작했다. 표면의식의 기능을 담당하고 있는 대뇌 신피질의 구조는 완전히 밝혀졌지만 피질과 수질 그리고 뇌간에 대한 설계도는 그때까지 확립되지 못하고 있었다. 그러나 24세기를 앞둔 시기에 드디어 피질과 수질 그리고 뇌간 등의 기능과 구조가 완전히 밝혀졌다. 그것은 2270년대 이후에 영체과학이 정립되면서부터 가능했던 것이다.

　무의식을 이루는 광대한 기억정보 체계는 한 인간의 개체적 삶으로는 도저히 설명할 수 없는 것이었다. 특수 뇌파검사를 통해 젖먹이 아이들이 잠을 자면서 생긋생긋 웃는 것도 꿈을 꾸고 있기 때문이라는 것이 증명되었다.

　심지어는 7개월 된 태아 역시 꿈을 꾼다는 사실도 밝혀졌다. 이런 아이들이 어떤 정보와 기억 때문에 꿈을 꿀 수 있는가 하는 의문은 하나의 불가사의로 여겨졌던 것이다.

　그러나 뇌의 비밀이 완전히 밝혀지면서 인간에게는 영체라는 특별한 에너지 진동체가 있고 그것은 각각 고유한 주파수를 띠고 있음을 알게 되었다. 또한 그것이 대뇌를 통해 중앙 기억공유체계와 정보를 주고받으며, 이러한 활동을 과거의 심리학에서 무의식이라고 불렀다는 사실을 알게 되었다.

이러한 발견은 물질과학과 별개로 존재하던 종교나 철학에 새로운 영향을 미쳤다. 종교와 철학 그리고 물질과학이라는 세 분야가 '정신공학'이라는 하나의 통일된 학문체계로 자리잡기 시작한 것이었다. 이는 곧 정신과 물질의 통합이 시작되는 새로운 차원의 대통일장이론이 형성되는 것을 의미하기도 했다.

물질의 원리만을 연구하는 좁은 의미의 물리학은 구시대의 학문체계로 전락했다. 정신공학의 한 분야로서 신물리학이 등장하게 되었으며, 이것은 영체 및 기억공유체계의 작동원리와 그것이 물질과 어떤 방식으로 관계를 맺고 어떻게 영향을 미치는지에 대해 접근하는 학문이었다.

신물리학의 연구를 통해 두뇌가 곧 사고의 근원이라고 생각했던 것이 잘못된 것임을 알게 되었다. 즉, 사고의 근원은 기억공유체계이며 두뇌는 그 기억공유체계의 단말기 역할을 하는 것임을 알게 되었다. 그리고 영체는 두뇌와 기억공유체계 사이를 연결해주는 일종의 매개체라는 것이 밝혀졌다.

이러한 연구는 더욱 발전하여 마침내 동물과 완전한 의사소통이 가능해지는 정도까지 되었다. 두뇌라고 부를 만한 것이 전혀 없는 무척추동물들도 척추동물에 뒤지지 않는 사고활동을 하고 있다는 사실도 밝혀졌다. 무척추동물들은 두뇌가 없어서 기억의 각인들을 육체에 남겨두지는 못하지만 척추동물처럼 생각하고 꿈을 꾼다는 사실을 발견하게 된 것이다. 다시 말해 기억의 공유체계는 인간뿐 아니라 지구에 존재하는 모든 생물체를 연결하고 있으며 그것이 지구 생태계 전체를 이루고 있다는 사실이었다.

고대 중국의 현인이었던 장자(莊子)가 했던 이야기가 단순한 상징이 아닌 현실의 한 사건으로 증명되는 순간이었다. 장자는 '내가 나비가 되는 꿈을 꾸고 있는 것인지 아니면 나비가 나로 변하는 꿈을 꾸고 있는 것인지 알 수 없다'고 했었다.

기억 네트워크의 발견은 25세기에 있었던 생물체 분류 방식의 획기적 변화와 인간을 매개로 한 생물체간 대통합의 전조가 되었다.

지난 세기(22세기)에는 바이오칩이 발명되어 인간의 대뇌에 삽입되면서 대뇌의 정보가 입출력 과정 없이 자연스레 시스템에 접속되었다. 이와 마찬가지로 시스템의 정보가 자연스레 대뇌에 각인되는 접속방식이 곧 인간의 영체와 대뇌에도 동일한 방식으로 적용됨을 알게 되었다.

여기서 대뇌의 정보는 곧 영체의 정보에, 시스템은 곧 대뇌 자체에 비유될 수 있다. 다음 세기인 24세기에 이르면 소위 인터페이스라는 접속 공간의 경계들이 모호해져서 기계와 생체 그리고 영체가 하나로 통합되는 놀라운 삶의 장이 연출된다.

기계에 영혼을 불어넣으려는 엉뚱한 실험들이 실행되곤 했는데 그 결과 25세기에 안드로이드라는, 인간도 기계도 아닌 제3의 존재들이 탄생하게 되었다.

초기 안드로이드는 인간보다는 로봇에 가까워서 인간처럼 생식활동을 할 수 없었다. 하지만 시간이 흐르면서 인간의 생체기계조직을 복제하여 영체가 깃들 수 있는 장이 마련되었다. 다시 말해 안드로이드 역시 성의 구분을 갖게 되고 생명 탄생이 가능한 자궁을 갖게 되었던 것이다.

사람들은 과거의 기억 즉 기억공유체계 속에 존재했던 인물들을 안드로이드라는 수단을 통해 다시 물질화했는데, 후에 안드로이드는 세포 재충전이라는 방식을 사용하여 늙어 죽지 않는 불사의 몸을 갖게 되었다.

시스템 회로가 파괴되어 중앙기억체계와 통신이 완전히 단절되지 않는 한 안드로이드는 생명을 영원히 지속시킬 수 있었다.

가상현실을 버리고 영체비행을 즐기다

영체비행과 영체단련은 모든 이들의 취미가 되었다. 환각제 스파이마를 얻기 위해 사람들은 사회봉사활동을 했다.

환각제 스파이마의 힘을 빌어 인간들이 새롭게 체험할 수 있었던 것 중 하나가 바로 영체비행이었다.

22세기 중반, 스파이마가 처음 사용되었을 때 사람들은 자신들이 느끼는 환각 상태가 가상현실 체험처럼 단순한 가상공간이라고 생각했다. 하지만 그것은 결코 가상공간이 아니었다.

그것은 3차원 시공간과 겹쳐 있는 4차원의 시공간이며 타인과 공유할 수 있는 객관적인 시공간이라는 사실이 23세기부터 밝혀지기 시작했다. 또한 영체가 물질과 상대되는 개념의 정신이 아니라 파동의 주파수가 다른 또 하나의 물질이라는 사실도 함께 알게 되었다.

스파이마는 단순한 환각제가 아니라 영체에 에너지를 공급해주는, 말하자면 4차원 세계의 식량과도 같은 것이었다. 스파이마를 많이 복용한 사람들은 영체가 활기를 띠게 되어 그 영체가 몸 밖으로 멀리 돌아다닐 수 있었다. 중세의 종교적 수련인 요가나 선도에서 발췌된 영체단련과 같은 특별한 훈련을 한 사람들은 스파이마를 통해 지구의 자기권을 벗어나 태양계 내의 행성들을 여행할 수 있을 정도가 되었다.

2270년경부터는 영체비행에 대한 학문적 탐구가 이루어졌고 그로부터 30년 뒤에는 완전한 학문적 체계를 이루게 되었다. 이러한 연구성과는 24세기에 물체의 순간이동이 가능해지는 토대를 마련하는 계기가 됐다.

한때 가상현실 체험에 몰입했던 사람들은 그것이 가지는 비현실성이라는 한계 때문에 점차 자신들의 취미를 바꾸기 시작했다. 그러한 사람들이 새로이 몰입하게 된 것이 바로 영체비행이었다.

같은 양의 스파이마를 복용한다 해도 영체단련을 한 사람과 안한 사람 사이에는 영체비행의 수준에 상당한 차이가 있었다. 따라서 탐구심이 강한 사람들은 적극적으로 영체단련을 하기 시작했고 더 많은 양의 스파이마를 복용하게 되었다.

그러나 화폐제도는 이미 사라져버렸고 의복이나 식량 같은 생필품들은 모두 정부에서 균등하게 공급하고 있었다. 20세기의 담배나 술과 같은 기호식품인 스파이마 역시 지원자에 한하여 일정하게 지급되고 있었다. 따라서 남들보다 더 많은 스파이마를 얻기 위해서는 사회봉사활동을 해야 했다. 모든 육체노동은 로봇이 대신하고 있었기 때

문에 당시의 사회봉사활동은 20세기나 21세기 초반처럼 육체적 행위
는 아니었다.

이 시대의 사회봉사활동이란 일정한 형태의 인간적 교류를 의미하
는 것이었다. 지난 세기에 이미 산업의 모든 분야가 골고루 발전했기
에 사람들은 풍족한 여유 시간을 누릴 수 있었다. 사람들은 한동안
자신들만의 세계에 빠져 여유를 즐겼다.

같은 취미를 가진 동호인들끼리의 만남은 주로 시스템이 제공하는
사이버 공간 속에서 이루어졌다. 그러나 모든 시스템 지원방식을 거부
하고 인간과 인간의 직접적인 만남을 고집하는 사람들도 있었다.

당시의 사람들은 사랑을 위해서 이성간이나 혹은 동성간에 직접적
인 만남을 갖기도 했지만 단순히 대화나 친교를 목적으로 직접적인
만남을 갖는 경우는 드물었다.

직접적인 만남을 고집하는 사람들은 자신들의 욕구를 공공기관
에 의뢰했고 공공기관에서는 그런 사람들끼리의 만남을 알선했다. 그
러나 조건이 까다로워서 만남이 쉽게 이루어지지 않는 경우도 있었다
(예를 들어 노인이 젊은 이성과의 만남을 원하는 경우라거나 특별한
개성 때문에 동호인 그룹활동을 못하는 사람들이 원만한 성격의 이
성 혹은 동성의 직접적인 애정을 필요로 하는 경우 등).

그럴 때에는 자원봉사자가 필요했는데 바로 그것이 사회봉사활동
이었다. 그리고 거기에는 성행위가 포함되기도 했다.

정부는 개인의 모든 욕구를 최대한 수용한다는 기본원칙을 갖고
있었기 때문에 이러한 종류의 사회봉사활동은 절실히 필요했다. 결국
스파이마는 부족한 양은 아니었지만 무한정 생산되는 것도 아니어서

사람들은 그것을 구하기 위해 사회봉사활동을 해야 했고 여기서 다시금 스파이마를 매개로 한 에너지 교환과 비슷한 형태의 경제행위가 자연스럽게 싹트기 시작했다. 에너지 교환이란 물건이 아니라 애정이나 관심도와 같은 정신적 상품이었다.

정부는 새로이 발생된 경제행위로 사회적 긴장이 생겨날 것을 우려하여 스파이마와 비슷한 성분을 조합한 인공환각제를 만들어냈다. 인공환각제를 복용할 경우 환각 효과는 비슷했지만 영체에 직접적인 에너지를 공급해주지는 못했기 때문에 스파이마의 가치를 따라갈 수는 없었다.

사회봉사활동을 하고 싶지 않은 사람들은 같은 양의 스파이마로도 큰 효과를 얻기 위해 영체단련 프로그램에 몰두하게 되었다. 영체비행에서도 21세기의 바둑이나 골프 같은 운동처럼 초심자와 숙련된 사람 사이에 현격한 수준의 차이가 있었다.

21세기 중반까지만 해도 바둑이나 골프가 크게 유행했지만 가상현실 체험이 급격히 발달하자 대중들은 후자를 더 선호했다. 전자는 그것의 묘미를 충분히 만끽하기 위해 너무 많은 시간을 투자해야 했기 때문이었다. 이런 이유로 22세기에 들어서면서 바둑이나 골프와 같은 현실 차원의 유희는 소수의 사람들만 즐기는 취미로 쇠퇴해 갔다.

영체비행에서도 마스터가 등장하기 시작했는데 마스터들은 초심자에 비해 훨씬 적은 양의 스파이마로도 훨씬 복잡하고 다양하며 강렬한 체험을 할 수 있었다. 물론 개인차는 있었지만 영체비행의 마스터는 곧 영체단련의 마스터가 될 수 있음을 의미했다.

그리고 극소수이긴 했지만 스파이마를 복용하지 않고서 영체단련을 고집하는 사람들도 있었다. 이들은 중세의 정신수련 전통을 고수하는 사람들로서 대부분 지하도시 생활이 아닌 지상의 산림이나 전원에서 은둔생활을 하고 있었다. 그들은 21세기에 소규모로 생겨났던 과학문명 거부운동의 일원들처럼 시스템과 연결되는 것을 거부한 채 살았다.

우주인, 지구를 방문하다

우주인들의 지구 방문을 계기로 지구에는 통일국가가 탄생했다. 지구는 이제, 하나의 정부, 하나의 종교를 갖게 되었고 폭풍 전야의 고요를 태평성대로 여겼다.

2280년대에는 시리우스계 우주인들이 지구를 공개적으로 방문했다. 그전까지만 해도 외계 우주인들은 비밀리에 지구의 몇몇 사람들에게만 나타나서 비공식적으로 만나왔다.

그들이 지구를 공식적으로 방문했을 때 그들의 우호적인 협조를 효율적으로 받아들이기 위해 수많은 도시정부를 대표할 사람들이 필요하게 되었다.

따라서 10년 후인 2290년대부터는 강력한 세계통일정부의 조직을 열망하는 분위기가 형성되었고 23세기 말에 지구 역사상 처음으로 강력한 하나의 통일국가가 형성되었다.

이런 일이 이루어지기까지는 시리우스계 성인(星人)들의 도움이 컸다. 그들 역시 하나의 통일정부를 갖고 있었는데 연방정부의 헌법에서 부터 모든 방면의 통치제도와 기구를 설립하는 데 다각도로 조언을 해주었던 것이다.

그들은 자연스럽게 지구인의 일상생활에 긴밀하게 관여하게 되었다. 하지만 그들은 자신들의 실체와 목적을 완전히 노출시키지 않았다. 그들은 항상 지구의 자치권을 존중한다는 입장에서 지구인 대표들과 회담을 했다. 그들의 협조가 너무나 우호적이었기 때문에 아무도 이런 새로운 상황에 대해 불만을 토로하지 않았다.

시리우스계 성인들의 영향도 있었지만 초감각 지각력의 발달로 인해 다시금 신에 대한 각성이 새롭게 일기 시작했다. 급기야는 단일 종교가 형성되면서, 시스템을 거부하고 은둔생활을 하던 사람들이 다시 일반인들의 공동체 사회로 돌아오게 되었는데 이들은 단일 종교가 형성되는 데 큰 몫을 담당했다.

24세기의 지구는 하나의 정부, 하나의 종교로 묶인 제정일치 사회로 변했다. 중세의 언어를 빌리자면 소위 신정국가가 탄생하게 된 것이다. 그렇다고 해서 기존의 시스템 제도가 몰락해가는 것은 아니었다. 오히려 사회통합을 이루는 데 한층 더 긴밀한 기능을 담당하게 되었던 것이다.

사람들은 신(God)의 호칭을 보편성부(Universal Father)라 불렀는데 이는 시리우스계 성인들의 메시지를 참고하여 지은 이름이었다.

당시 신의 개념은 중세 기독교의 삼위일체 개념과 비슷했다. 앞에서 말한 보편성부와 우리 은하계를 처음 형성시킨 창조주이자 현재

주재자를 맡고 있는 영원성자(Eternal Son) 그리고 모든 방면에서 그의 협력자인 우주모령(Cosmic Mother Spirit), 이 세 가지 존재가 하나의 주체를 이루고 있다는 내용이었다.

나중에 알게 되었지만 우리 은하계의 형성 초기에 계획됐던 유기생명체 증식 문제에 대해 반대했던 기계문명의 대표격인 비이스트 시스템도 있었다. 이 존재들, 즉 비이스트 시스템은 극단적인 이성과 합리성을 그 기본 전제로 삼고 있었는데 그들은 생물체의 원초적 형태인 바이러스의 DNA체계에 대해 반대 입장을 표명했다. 그들의 시각으로는 생존과 번식을 최고의 전제로 삼는 바이러스계는 너무나 맹목적이고 비합리적이어서 그 바이러스들이 진화해나가는 데 상당한 시행착오가 예견됐기 때문이다.

그들은 이 은하계의 모든 유기생명체, 즉 단백질 합성체인 존재들을 모두 말살시키려는 계획을 세웠고 그것은 영원성자와 우주모령의 창조 계획을 정면으로 반박하는 것이었다.

영원성자와 우주모령의 합체를 통해 생겨난 수많은 영체들은 비이스트 시스템과는 달리 뚜렷한 개체성을 띠고 있었으며, 그 개체들은 가장 조악한 파동을 지닌 물질 차원의 몸을 빌려서 여러 가지 시행착오를 겪는 모험을 하고 싶어하는 성향을 지니고 있었다. 따라서 이 개체성을 띤 영체들 역시 비이스트 시스템과 일전을 불사하고라도 물질계 몸을 만드는 일에 강렬한 열망을 갖고 있었다.

이러한 상황들은 23세기 말 시리우스계 성인들이 지구인들에게 보여준 우주적 비전이었으며 같은 영체에서 비롯된 휴머노이드 지구연방 대표들도 비이시트 시스템과의 대결에 적극적인 참여 의사를 표명했다.

물론 후에 밝혀진 것이지만 이것 역시 어느 정도 진실을 왜곡시킨 정보였다. 특히 창조주와 삼위일체에 대한 개념은 어디까지나 시리우스 항성계 자체에서 만들어낸 것으로 나중(31세기)에 알게 된 바에 따르면 창조주와 삼위일체는 아무런 관련이 없는 것으로 나타났다.

23세기는 인류의 의식이 또다시 새로운 전환을 맞이하는 시기였다. 23세기는 20세기 후반에 시작된 뉴에이지 운동이 완성된 시기이며, 31세기의 사람들은 이 시기를 흔히 네오 르네상스라고 부른다.

23세기는 정신과 물질의 통합이 시작된 시대였으며 종교와 과학이 합일되는 시대였다. 그리하여 정신공학이 탄생하고 신물리학이 생겨남에 따라서 지구는 본격적인 4차원 시대를 맞이하고 있었다.

대부분의 사람들은 그때로부터 3세기 후에 일어날 은하계의 대분쟁을 예견하지 못하고 폭풍 전야의 고요를 태평성대로 여기며 문명의 이기를 바탕으로 한 레저생활에 몰두하고 있었다.

아주 극소수의 사람들만이 대분쟁의 시기를 우려했지만 사회는 그들을 예언자로 여기지 않았고 그 말에 귀를 기울이지도 않았다. 그들을 그저 단순한 문명비판론자로만 생각했던 것이다. 당시로선 과거에 있었던 어떤 사회적 비극도 다시는 일어날 것처럼 보이지 않았기 때문이다.

23세기에는 처음으로 모든 사람들이 동의할 수 있는 하나의 이론이 형성되었으며 그것을 대합일원리라고 불렀다.

교통수단 역시 지하도시들 사이로 터널이 형성되어 한 시간만 달리면 지구의 반대편에 도달할 수 있었다. 어떤 터널은, 대양횡단간의 경우 깊이가 지하 10km까지 내려가는 경우도 있었다. 그리하여 2260년대에는 거미줄과 같은 지하터널 교통망이 발달하게 되었다.

∞

자, 23세기의 파노라마는 여기서 끝난다.

지금 당신과 나의 대화는

일방적인 기호의 소통구조 속에서 이루어지고 있다.

이런 일방적인 소통이 당신에겐 불만스러울지 모르겠다.

그러나 이 방식은 불편한 것이긴 하지만, 불합리한 것은 아니다.

이런 구조는

내가 당신의 사유를 제한하거나 지배하지 않기 위해

선택된 것이기 때문이다.

당신이 이미 느끼고 있는지 모르겠지만

나는 사실 시스템의 발달보다 사유의 체계에 더 관심이 많다.

그래서 이런 구조 속으로 당신을 초대할 생각을

한 것인지도 모른다.

나는 내 존재를 현재형으로 드러낼 수 있도록 해준

당신과 이야기를 나누고 싶다.

하지만 만일 당신이 사유보다 시스템의 발달에 더 관심이 있다면

곧장 다음 세기를 방문해도 상관없다.

그렇다고 해서 나와의 우호적인 관계가

손상되지는 않을 것이다.

∞

나와 대화하기 위해 곧장 다음 시간의 문을 열지 않고
두 문 사이를 잇는 통로를 거쳐가는 길을 선택한 당신,
진지한 당신에게 훨씬 흥미롭고 넓은 길이 열리길 빈다.
이 공간에서 사유하게 될 프로그램을 어떻게 헤치고 나가느냐에 따라
앞으로의 여행이 더욱 진지해지고 풍요로워질 것이다.
23세기는 놀랍고 흥미롭고,
그런 만큼 의문이 많은 세기가 아닐까 싶다.
지구 밖에 실존하는 외계인, 밝혀진 영혼의 비밀, 영체비행 등등……
사실 23세기를 이해한다는 것은 여러모로 중요하다.
23세기는 3차원에서 4차원으로 들어가는 분수령이었다.
여러 개의 개념들 또한 전혀 다른 차원으로
정립되어가는 과정에 있었다.
인간 실체 전반에 관한 생각이
획기적인 전환기를 맞게 되는 것도 이때이다.
'영혼은 사고의 중추를 의미한다'는 사실 하나만으로도
인간을 둘러싸고 있는 세계관에 대해
엄청난 전환을 요구했던 것이다.

∞

당신에게는 이런 규정이 어떻게 받아들여지는가.
아마 인간의 영혼을 물질화시키는 데
당신은 강력하게 반발할지도 모른다.
그렇다면 인간을 규정하는 당신의 정의는 무엇인가.
만물의 영장이자 하늘 아래 독존하는 신의 형상인가.
당신은 인간에 대한 나름대로의 정의를 가지고
나와 변론하고 싶을지도 모르겠다.
그러나 내 임무는 당신을 이해시키는 것이 아니라
이미 도달한 고지를 보여주는 것일 뿐이다.
그곳에 도달하는 길을 찾는 것은 당신의 일이다.
어쩌면 강하게 부정하는 것에서 출발하는 것이
더 빨리 고지에 도달할 수 있는 지름길이 될 수도 있다.

24세기
The twenty-fourth Century

—

지구의 새 이름, 가이아 킹덤

4차원 과학의 대두와 함께 과학자들이 사라졌다. 누구나 과학자라 할 수 있게 되었다. 지구는 12개 지역으로 분할되었으며 인구는 약 55억 정도가 되었다.

24세기의 지구는 23세기 말에 시작된 네오 르네상스 문화에 흠뻑 젖어 있었다. 한창 번성하던 사이버 공간 내에서의 체험들은 거의 사라져버렸고 스파이마를 통한 영체비행이 확산되면서 일반인들에게도 4차원 문화가 낯설지 않게 되었다.

지난 세기에 새로이 정립되었던 정신공학은 신물리학과 함께 4차원 과학 즉 콰트라틱스라는 특별한 학문분야를 만들어냈다. 이 4차원 과학의 발달로 인해 지구권 내에서 물질의 순간이동과 시간여행이 가능해졌다.

24세기의 특징이라면 과학자라고 불리던 특수계층이 사라졌다는 점이다. 바이오칩을 통해 대뇌와 시스템을 연결한 대다수의 사람들이 과학자의 자질을 충분히 갖추게 되었으며 새로운 분야의 연구에 대해 모두들 관심을 갖고 있었다.

 과학자들의 역할은 단지 새로운 사고행태를 발명하는 발명가로 바뀌었다. 새로이 등장한 사고행태 발명가들은 이전처럼 실험실에서 물질에 대한 실험을 하기보다는 여러 가지 비일상적인 환경 속에서 일종의 명상수행과 비슷한 영체단련에 몰두했다. 새로운 사고행태를 발견하기 위해서는 특별한 영감이 필요했기 때문이었다. 새로운 사고행태의 발견은 곧 새로운 기계장치의 발명을 의미했다.

 그리고 기계라는 말도 점차 장치라는 말로 대치되었다. 이미 유기체를 이용한 시스템 장치가 나온 뒤여서 금속이나 실리콘 재질로 이루어졌다는 의미를 담고 있는 기계라는 말은 26세기에 가서는 비이스트 시스템이라는 은하계 밖의 어떤 문명을 대칭하는 대명사가 되었다.

 2310년, 그 권한이 강력해진 지구연방정부는 시리우스계 성인들로부터 가이아 킹덤이라는 공식 명칭을 부여받았다. 사실상 그 이름은 이미 고대로부터 은하계 내의 지성체들이 지구를 가리킬 때 사용해왔던 명칭이었다.

 가이아 킹덤은 정치체제를 정비했다. 우선 세 명의 정부 수뇌를 선출했다. 이들은 칸이라는 직명으로 불렸는데 이 세 명의 칸은 24명으로 구성된 원로원 장로들 중에서 선출되었으며 원로원직과 겸임했다. 이 세 명의 칸에겐 특별한 임무가 명시되어 있었다. 첫째는 원로원의 결정 사항을 집행하는 것이며, 둘째는 시리우스계 항성 대표부와 회담이 있을 때 지구를 대표하는 역할이었다.

24명의 원로원의 장로들은 지구 전 지역을 12개로 나눈 각각의 지역에서 2명씩 대표로 선출된 사람들이었다. 원로원이 하는 일은 가이아 킹덤 시스템이라는 시스템의 정책사안들을 심의하고 그 안건들을 인가하는 것이었다.

　한편 지구의 12개 지역은 각각 1200개의 지하도시 및 해저도시지역으로 구성되어 있었으며 그 각각의 도시지역 또한 모두 지역의회 및 집행기구를 구성하고 있었다. 지역의회는 그 지역에서 가장 덕망이 높고 지혜가 뛰어난 10명의 원로들로 구성되어 있었고 그중 2명이 집행기구의 책임자를 겸임했다. 그리고 그 밑으로는 더 이상 계급이 나뉘지 않고 모든 사람이 수평적 지위를 누리고 있었다.

　10명의 원로들은 호모 아라핫투스들 중에서 특별히 선출되었으며 이들은 종교의 사제직도 겸임하고 있었다. 그 외에도 많은 아라핫투스들이 있었지만 그들은 대부분 예술이나 학술 그리고 기계장치를 발명하는 창조적 직업을 갖고 있었다. 지역도시의 원로원은 모두 합하여 14만 4천 명의 사제직 원로들로 구성되었고 거기에서 12개 대륙의 24명 연방원로들이 선출된 것이다. 12개 대륙지역은 다음과 같이 나뉘었다.

　남북아프리카 2개 지역, 서유럽, 동유럽(구 러시아 포함) 2개 지역, 근동아시아(구 아랍권), 극동아시아(구 만주, 황화 이북 중국, 한국, 일본), 중앙아시아(구 인도), 북부아시아(구 몽고, 시베리아 및 황하 이남 중국) 그리고 남부아시아(구 동남아시아)의 5개 지역, 남북아메리카의 2개 지역, 그리고 오세아니아(남극대륙 포함) 지역이었다.

　각 도시지역의 인구는 대략 10만 명에서 많은 곳은 100만 명 정도였는데 100만 명을 넘는 대규모 도시도 각 지역마다 하나씩 있어 수도 역할을 했다. 보통 지하도시의 인구는 평균 40만 명 수준이었다. 24세기 초반의 지구 인구는 약 55억 정도가 되었다. 그것은 약 250년 전의 40억에 비해 아주 조금씩 증가한 추세였다.

지상의 삶을 되찾다

지상의 생태계를 복원한 인류는 대이동을 시작했다. 태양이 빛나는 지상으로 이주한 인류는 '느림과 비효율'이라는 옛 시대의 풍습을 만끽했다.

2315년경, 지구연방정부가 역점을 두었던 사업은 지구생태계 복구 작업이었다. 사실 그것은 무엇보다 먼저 추진했어야 할 일이었지만 개개의 지하도시정부 차원에서는 엄두를 낼 수 없는 일이었다.

이 사업의 첫 단계는 오존층 복구작업이었다. 오존층이 복구되지 않고서는 고등식물인 나무가 자랄 수 없고 척추동물들도 살 수 없었다.

오존층 복구에 가장 중요한 사업은 지구 곳곳에 수십만 개의 오존 발생장치를 설치하는 것이었다. 이 작업에는 많은 인력이 동원되었다. 물론 사람이 직접 노동을 하는 것은 아니었다. 물리적인 힘이 요구되는 작업은 모두 로봇을 통해 실행되었다. 사람들은 단지 감독과 단계별 확인 작업만 했지만 그 장치들을 생산하고 지구 전역에 설치하는 것도 워낙 방대한 사업이어서 수많은 인력이 동원되었다.

오존층이 기준치 이상으로 복구되었을 때 기상조절장치를 이용해서 특정 지역에 비가 오게 하는 두 번째 작업이 시작되었다. 호수와 강이 생기고 식물들이 살 수 있는 습도가 충분히 갖추어졌을 때 비로소 세 번째 단계의 작업이 시작되었다.

그것은 나무를 심는 일이었는데 유전공학을 통해 각 지역의 기후조건에 가장 적합한 수종이 선택되었고 또한 생장 속도도 유전자조절을 받지 않은 자연 상태의 나무보다 10배는 빨랐다.

숲의 형태가 어느 정도 갖추어지자 그 다음에는 야생동물 번식 및 방사 작업이 이루어졌다. 21세기에 살았던 대부분의 척추동물들은 오존층 파괴 이후 종류별로 수집되어 멸종되지 않도록 자연생태 동물원이라는 특수시설에서 보호를 받고 있었다. 20세기 말에 이미 멸종해버린 동물들도 생물유전자 도서관에 그 유전자 자료가 냉동상태로 보존되어 있었기 때문에 그것들을 다시 되살리는 데에는 별다른 어려움이 없었다.

35년간 각고의 노력을 기울인 결과 2350년 인류는 드디어 200년 만에 다시 돔 밖으로 나올 수 있었다. 사람들은 그동안 지하도시나 해저도시에서 살면서 가상현실 체험과 영체비행으로 레저생활을 대신해야 했다.

24세기 중반에 이르러서야 인간은 밝은 태양 아래 맑은 대기 속에서 마음껏 자연을 즐길 수 있게 되었다. 엄격한 심사와 고된 훈련을 통해 선발되는 우주탐험대와는 달리 모험심만 있으면 누구나 선발될 수 있는 지상탐험대가 대규모로 모집되었다. 당시 이 탐험여행은 일반인들 사이에서 선풍적인 인기를 끌었다.

2370년대에는 본격적인 대규모 이주사업이 일어났다. 물론 이주의 여부는 어디까지나 개인의 자유의사에 따른 것이었다. 지하나 해저의 인공도시를 떠나 지상에서 생활하기를 원하는 사람들에게 연방정부는 최신장비와 함께 여러 가지 특전을 제공했다.

24세기 말에는 지구 인류의 절반 이상이 지상세계로 나와 살게 되었다. 이 과정에서 시스템과의 연결을 거부하고 지상의 돔 속에서 생활하던 은둔자 집단은 지상으로 나온 사람들 속에 자연스럽게 합류되었다. 더 이상 거주장소만으로 그들을 다른 사람들과 구별할 수 없게 된 것이다.

한편 돔 밖으로 나온 사람들의 초기 주거 형태는 움직이는 집이었다. 겉으로 보기에는 작은 오두막과 비슷해서 고대의 몽고식 텐트처럼 생겼지만 그 내부에는 모든 과학설비가 갖추어져 있었다.

정수장치와 배수장치가 완비되어 빗물을 마실 수 있었고 화장실에서 배출되는 물에는 미네랄이 함유되어 있어서 채소나 과일류의 수경재배에 사용하거나 특수화분의 관상수를 자라게 할 수 있었다.

당시에는 모든 식물을 공기 중에서 재배하는 기술이 개발되어 있었지만 취향에 따라 토양이 담긴 화분을 사용하는 사람도 있었다. 그화분에는 바이오칩이 내장된 소형 시스템 단말기가 있었는데 그것을 통해 관상수와 일정한 형태의 커뮤니케이션이 가능했다. 따라서 당시의 관상수는 그 전 시대의 애완동물과 비슷한 대상이었다.

주택에는 태양광 자가발전장치를 다시 사용하게 되었고 연방시스템과 연결되는 통신장비가 완벽하게 갖추어져 있었다. 이런 집들은 원하는 때에는 언제나 이동할 수 있었으며 움직일 때는 약간 공중에 뜬 상태로 땅이나 수면 위를 자유롭게 이동했다. 속도는 20세기의 구식 자동차 수준이었으며 지하세계의 생활에 비해 모든 것이 무척 느리게 진행되었다.

사람들은 자신의 선택에 의해 '느림과 비효율'이라는 구시대의 풍습을 다시 맛볼 수 있었다. 사람들은 일정 기간 동안 혼자서 혹은 뜻이 맞는 사람들과 무리를 이루어 자신들이 살고 싶은 지역에 가서 마음껏 느린 삶을 만끽할 수 있었다. 그리고 때에 따라선 나무와 돌로 만들어진 도구만을 이용하는 원시적인 형태의 삶을 체험하기도 하였다.

하지만 그들이 연방정부로부터 완전히 자유로워진 것은 아니었다. 어느 장소에 있건 그들은 시스템과 밀접하게 연결되어 있었고 항상 소속 정부의 주민으로서 정부의 통제를 받고 있었다. 그 통제란 시스템의 프로그램에서 벗어나지 않는 영역 속에 있게 한다는 뜻이었다. 물론 그런 통제를 부자유스럽게 느끼는 사람은 아무도 없었다. 인류는 이미 시스템에 의해 300년 이상 길들여져왔기 때문이었다.

대다수의 사람들은 무리를 떠나거나 홀로 멀리까지 가거나 하지 않았다. 집단생활에 익숙해져 있었기 때문에 무리에서 떨어진다는 사실에 대해 무의식적인 공포를 갖고 있었던 것이다.

시간여행을 시작하다

물체와 인간의 순간이동이 성공하자 시간여행도 가능해졌다. 인류는 신과의 만남을 꿈꾸기

시작했다.

24세기에도 신물리학은 급속한 발전을 지속했다. 그 결과 2330년대에 물체의 순간이동장치가 개발되어 일반에게 공개되었다. 오래전부터 인류는 이 장치에 대해 많은 연구를 해왔다.

물체의 순간이동을 실현하기 위해 그들이 세웠던 가설은 어떤 장치 속에 물체를 넣고 그것을 분자 수준으로 분해한 후 전파로 만들어 송신하고 다른 장소에서 수신해서 그 전파의 정보를 복원한다는 것이었다.

하지만 그 가설은 발상에서부터 근본적인 오류가 있었다. 분해해서 재조합한다는 생각은 어디까지나 기계론적 사고방식에 근거한 발상이었다. 그러한 방식으로 순간이동이 가능한 물체도 있었지만 생명체를 전송하는 것은 불가능했다.

그러나 4차원 과학이 체계적으로 연구되면서부터 공간에는 특정한 차원이동통로가 있음을 알게 되었다. 강력한 공간에너지가 어떤 공간에서 특정한 형태의 장을 형성시키면 거기에 하나의 문이 생겨난다는 사실이 밝혀진 것이다. 그리고 그 문을 통해 차원이동통로로 들어가면 곧바로 다른 장소의 문으로 나올 수 있다는 것이다.

따라서 한 장소에서 다른 장소로 이동하기 위해서는 두 장소에서 동시에 이러한 문을 만들 수 있는 장치가 필요했다. 초기에는 물체만 이용해 실험을 했지만 곧 생물체와 사람도 그 실험대상이 되었다. 사

람의 경우 에너지 통로를 통과하는 동안 순간적으로 의식을 잃는 경우가 있긴 했지만 실험은 무난히 성공할 수 있었다. 그것은 영체비행을 마치고 영체가 육체 속으로 돌아올 때의 어지럼증과 비슷한 경우였다.

기술이 발전함에 따라 강력한 공간에너지를 발생시키는 순간이동장치를 소형화할 수 있었다.

순간이동장치의 개발에 힘입어 단시간에 지상의 생태환경을 복구할 수 있었다. 만약 지하에서 만들어진 거대한 설비들을 모두 고전적인 방법으로 지구 각 곳으로 이동시키려 했다면 엄청난 장비와 노력이 필요했을 것이다. 그리고 무엇보다도 많은 시간이 필요했을 것이다. 그러나 순간이동장치를 이용한 결과 마치 모형공원을 꾸며나가듯 빠르게 작업을 마칠 수 있었다. 그나마 30여 년이란 시간이 걸린 것은 두 가지 이유 때문이었다.

첫째, 각 지역(수십만 군데)마다 세워진 수백 가지의 설계도안을 모두 시뮬레이션하여 가장 적합한 것을 선택하는 데 약간의 시간이 필요했고 둘째, 그곳에 조성된 생태계가 스스로의 자연생명력을 복구하는 데 소요된 시간 때문이었다.

2370년대부터는 장거리 이동을 할 때 군이 지하통로 이동열차를 이용하지 않아도 되었다. 순간이동장치(트랜스포터)를 갖춘 역들이 도시마다 하나씩 설치되어 있어 아무리 먼 곳이라 해도 손쉽게 다녀올 수 있었다.

하지만 모든 사람이 아무 때나 이 장치를 사용할 수 있도록 개방되어 있는 것은 아니었다. 이 장치는 시스템이 관리하는 스케줄에 따라 정부에서 운용했으며 필요한 사람은 미리 예약해서 허가를 받아야 했다.

순간이동장치가 발명된 후 채 10년도 지나지 않은 2340년대에 시간여행도 가능하다는 것이 밝혀졌다. 순간이동장치를 실용화했던 초기에 가끔 그 대상체를 잃는 경우가 발생했다. 그 원인을 찾던 중에 이 공간 내에 있는 차원이동통로에는 공간과 공간을 연결해주는 통로뿐 아니라 시간대와 시간대를 연결해주는 통로도 존재한다는 것이 밝혀졌다.

시간연결통로는 공간연결통로와는 전혀 다른 진동수를 지니고 있었다. 시간여행 역시 이 공간에 형성된 에너지 문을 통과함으로써 시작되었는데 사회 혼란을 야기할 위험 때문에 일반인의 시간여행은 엄격하게 금지되었다.

단지 스파이마를 통한 영체비행으로 시간여행을 하는 것은 얼마든지 허용되었다. 영체비행술 역시 신물리학보다 한걸음 앞서 계속 발전해갔기 때문에 이 시기에도 많은 사람이 영체비행을 즐기고 있었다.

사람들은 과거의 아름다운 추억이나 향수를 되살리기 위해 영체비행을 통해 과거로 가는 경험을 맛보았다. 간혹 미래를 다녀오는 사람들도 있었는데 충분한 준비 없이 미래 상황과 맞닥뜨리는 바람에 영체비행을 마치고 깨어났을 때 부작용을 겪는 경우도 있었다.

어쨌든 원하기만 한다면 누구나 스파이마를 통한 영체비행으로 시간여행을 할 수 있었기에 굳이 시간여행장치를 이용해야 할 필요성을 크게 느끼지는 않았다. 육체를 지닌 상태에서의 시간여행은 상당한 혼란과 위험이 뒤따랐기 때문이었다.

하지만 영체비행을 통해 시간여행을 할 때는 그저 홀로그래픽을 지켜보듯 상황을 지켜볼 수만 있었다. 영체비행을 마쳤을 때는 표면의식의 간섭으로 인해 상황을 약간 왜곡하여 이해할 가능성이 있었다. 따라서 미래를 여행했을 경우 사람마다 가지는 견해와 관념이 모두 달랐으며 그런 이유로 어떤 것이 실제라고 할 만한 객관성이 적었다.

2350년대에 들어서는 스파이마 없이도 홀로그램 모니터를 통하여 원하는 시간대의 모습들을 구경할 수 있는 기계장치가 발명되었다. 이것은 20세기 말에 제기되었던 형태형성장이론이 계속 발전하여 그 이후 세기에 정립된 신물리학을 통해 가능해진 것이었다.

24세기 신물리학에 의하면 과거와 미래는 이미 조감도의 수준으로 존재하고 있으며 현실이란 그것을 시간의 흐름이라는 직선 형태로 디스플레이하는 것에 불과하다는 것이었다.

과거에 대한 모든 역사적 상황이 지난 세기 말에 홀로그램의 데이터베이스 영상으로 이미 재구성되어 있었기 때문에 홀로그램모니터를 통해 과거로의 시간여행을 입체적으로 체험할 수 있었다. 역사공학자들은 과거의 여러 가지 사건에 변화의 요소를 입력하고 시스템 시뮬레이션으로 현실화함으로써 실재의 현재 상태와 비교할 수 있었다.

그 결과 과거가 현실에 영향을 미치는 방식에 대한 연구가 완성되었다. 이를 토대로 현재의 모든 상황을 입력하여 그것이 미래에 어떤 형태로 펼쳐질지에 대해서도 가늠할 수 있게 되었다. 하지만 알 수 있는 미래에는 시한이 있었으며 그 한계는 2세기를 넘지 못했다.

시스템의 시뮬레이션을 사용했을 때 26세기 이상의 미래에 대해서는 일정한 답이 나오지 않았다. 완벽하다고 믿었던 시스템 역시 그 나름의 한계를 갖고 있었던 것이다. 그 후에 밝혀진 일이지만 그런 현상은 시스템의 운명과 깊은 관계가 있었다. 26세기 이후에는 시스템이 24세기 당시처럼 활발하게 작동되지 않기 때문이었다.

시스템을 통한 미래 예측에도 한계가 있을 수밖에 없었다. 또한 시간 역시 4차원 이상의 세계에서는 그 흐름의 속도가 전혀 다른 제각각의 시간대로 무수하게 존재한다는 사실도 알게 되었다. 이러한 사실들은 대부분의 고대종교 설화에서 자주 등장하는 내용이었는데 천상세계의 시간과 지구의 시간이 다르다는 것이다.

2370년대부터 지구의 정신과학은 새로이 밝혀진 서로 다른 시간대를 연구하고 추적해나가기 시작했다. 그것은 다른 차원에 머물고 있는 존재들과의 만남을 위한 것이기도 했다. 새로운 시간대에 대한 연구는 23세기에 시작된 새로운 종교운동과 맞물려 신을 규명하는 학문으로 발전해나갔다.

25세기에 인류는 더 이상 신비의 베일 속에 가려진 신이 아닌 학문으로 이해할 수 있는 신, 이성적 사고를 통해 충분히 접근 가능한 신과의 만남을 꿈꾸게 되었다.

쾌락의 시대에 섹스는 없다

소화능력이 약화된 인류는 먹는 즐거움을 포기했다. 여성들도 아이를 낳을 수 없게 되었으며 쾌락을 위한 섹스는 사라졌다. 섹스는 오직 소수 사람들에 의해 존속되었다.

스파이마의 복용으로 인해 인간의 육체에는 여러 가지 변화가 일어났다. 2350년대에는 새로운 차원의 의학이 생겨났는데 그것은 인간의 육체를 다루는 것이 아니라 영체를 다루는 것이었다.

스파이마의 복용을 통해 인간의 영체는 더욱더 강화되었지만 과도한 영체비행으로 영체를 손상당하는 일들이 흔히 발생하게 되었던 것이다. 이런 경우에 환자는 일상사를 떠나 숲속에서 정양하면서 스파이마 복용을 중단하고 장기간 영체비행을 삼가야 했다. 그리고 대부분의 경우 정부에서 그런 시설들을 제공하고 있었다.

가상현실체험에 몰두하던 사람들에게 나타났던 식욕부진 및 생식기관의 결함은 급기야 소화기관의 퇴화와 생식불능의 상태에까지 이르게 되었다. 물론 생식불능 문제는 23세기에도 자주 대두되던 문제였다. 생식불능의 문제는 더욱 심각해져 24세기 중반부터 대부분의 여성에게 출산은 사실상 불가능해졌으며 결국 인공수정 및 인큐베이터를 통해 인구수를 유지하고 있었다.

그렇게 태어난 실험실 아기들은 지난 세대의 사람들에 비해 유달리 소화능력이 약했다. 그렇다고 해서 여타의 질병 현상을 자주 겪는 것은 아니었다. 단지 식욕부진이란 문제만 해결하면 되었는데 소화흡수가 쉽고도 빠른 고밀도의 에너지 식량을 공급하는 처방으로 그 문제를 해결했다. 고밀도 에너지 식량은 21세기 초에 우주비행사들이 복

126

용했던 우주식과 비슷한 형태로 만들어진 음식물이었다.

미각의 즐거움을 위해 음식을 먹는 미식가들도 21세기에 최고의 증가 추세를 보이고는 그 후부터 현저하게 줄어들어 24세기 중반에는 극소수만 남게 되었다. 그러나 그들도 음식물을 씹기만 할 뿐 삼키지는 못했다.

쾌감의 홍수시대라 부를 만큼 24세기는 감각적 자극을 위한 모든 것이 발달해 있었다. 감각적 즐거움을 얻기 위한 수단으로 성행위를 하는 사람들은 상당히 줄어들었다. 그 결과 사람들은 아예 감각 차원에서의 성욕 자체를 느낄 수가 없었다.

이미 2세기 전부터 가상현실을 통해 성욕을 북돋기 위한 수많은 종류의 프로그램들이 나와 있었지만 그런 것으로 효과를 볼 수는 없었다. 이런 변화는 출산 기능이 사라진 여성들에게 더욱 심하게 나타났다. 그리고 약물이나 다른 방법을 이용하면 행위를 하지 않고도 성행위에서 느낄 수 있는 감각적 쾌락의 몇 배 이상으로 엑스터시를 느낄 수 있었다.

소수의 사람들이 성행위 보존단체를 만들어 동호인들끼리 성행위를 계속하기도 했지만 그것은 감각의 쾌락 차원이 아닌 인간성 보존을 위한 사명의식이 개재된 것이었다.

또 한편으로는 쿤달리니 각성이라는 영체단련 프로그램의 한 형태를 체험하기 위한 방편이기도 했다.

쿤달리니 각성이 성행위만을 통해 가능한 것은 결코 아니었다. 단지 고대의 탄트리즘 전통을 계승하려는 동호인들 사이에서 유행한 일종의 복고풍 레크리에이션 같은 행위의 일환이었다.

달에 바다를 만든 이유

지구의 생태계를 복원시킨 인류는 달과 화성에 생태계를 조성했다. 달에 바다를 만들고 화성에는 대기권을 만들었다. 우주를 개척하던 지구인들은 새로운 우주인들과 만났다.

2310년대부터는 우주로 진출하려는 욕구가 일반인들에게까지 널리 확산되어 크고 작은 우주여행이 빈번하게 시도되었다.

가장 성능이 좋은 우주선은 광속에 버금가는 속도를 낼 수 있었는데 그런 종류의 우주선은 대부분 탐험가라는 특수임무를 띤 사람들이 사용했으며 일반인들은 광속의 절반 수준인 우주선을 이용하여 태양계 내부나 주위의 가까운 행성으로 여행을 떠났다.

달과 화성에는 이미 지구 인구의 10분의 1에 해당하는 많은 사람들이 이주해서 살고 있었다. 달과 화성은 그때까지만 해도 도시정부 차원의 거주지역이었으며 지구연방정부에는 흡수되지 않았기 때문에 자치권을 인정받고 있었다.

달과 화성의 가장 큰 변화는 그곳에 생태계가 조성되었다는 사실이다. 24세기 중반에 지구생태계 조성을 성공적으로 마친 후 곧바로 달과 화성에 생태계를 조성하기 위한 실험이 시작됐으며 인류는 그동안 꾸준한 실험을 통해 이미 달과 화성의 돔 속에 적합한 생물군들을 키우고 있었다.

달은 중력이 약해 스스로 대기권을 보유할 수가 없기 때문에 달에서 가장 온도가 높은 지역을 선택해 그곳에 거대한 돔을 건설하기 시작했다. 돔 건설을 시작한 지 약 30년 만에 그때까지 한 번도 본 적이 없는, 달 표면 넓이의 4분의 1에 해당될 만큼 거대한 유리돔이 건설되었다.

　곧이어 지구의 오존발생장치를 약간 개조한 것으로 달의 돔 내부에 오존층을 만들려는 시도를 시작했다. 달에 있는 두터운 얼음층을 녹여 그 물을 분해한 것이 오존의 원료로 사용되었다. 달에는 엄청난 양의 얼음층이 형성되어 있었는데 그것은 달뿐 아니라 달과 지구 사이에 있는 대부분의 우주스테이션이나 우주모선들의 생활용수로 제공되고 있었다.

　돔 내부에 수소핵융합로로 이루어진 열선을 만들고 그 위에서 얼음을 녹여 바다를 만드는 작업이 시작되었다.

　여러 번의 시행착오를 거듭한 결과 인류는 달에 거대한 바다와 숲을 조성하는 사업에 성공하게 되었다. 2380년대에 달은 드디어 물이 있는 생명의 별로 바뀌었다. 비록 돔 내부에서만이었지만 사람들은 특별한 보호장비 없이도 지구에서처럼 자유롭게 생활할 수 있게 된 것이다.

　달과 거의 같은 시기에 작업을 시작했던 화성은 고대에 이미 대기권을 가지고 있었기 때문에 행성 되살리기 운동을 쉽게 추진할 수 있었다. 지구에서 사용되었던 오존발생장치들을 화성에서도 사용했고 화성 지하에 있는 얼음층을 개발하여 바다로 만들었다. 달과 다른 점이 있었다면 화성의 중력은 달보다 훨씬 커서 대기권이 쉽게 형성될 수 있다는 점이었다.

일단 대기권이 형성되자 급격한 온실효과가 일어나게 되어 화성은 식물이 스스로 자랄 수 있는 곳이 되었다. 2390년대가 되었을 때 화성은 두 번째 지구로 다시 탄생했다. 화성은 더 이상 붉은색으로 상징되는 사막 행성이 아니었다. 지구처럼 흰 구름이 떠도는 푸른별이 된 것이다.

사람들이 지상으로 진출하기 시작한 것과 때를 같이하여 은하계 밖으로 탐험하려는 사람들도 급격하게 늘어났다. 그러나 아직 로켓의 성능이 자유로운 우주여행을 하기에는 뒤떨어져 있었기 때문에 은하계로 나갈 경우 가까운 별이 있는 곳까지 다녀오는 데도 수개월씩 걸리곤 했다.

광속에 육박하는 속도를 낼 수 있는 로켓도 은하계를 여행하는 데는 턱없이 느린 것이었다. 획기적인 개념의 우주선을 만들지 않고서는 효율적인 은하계 여행이 불가능했다. 우주비행사들은 마치 옛 지구의 탐험가인 마젤란이나 콜럼버스처럼 미지의 세계를 향해 막막한 여행을 떠났다. 시리우스계 성인들은 자신들의 우주선 원리를 지구인들에게 전부 전수하지 않았다. 광속의 수준까지 이른 우주선을 만들 수 있었던 것도 그들의 도움 없이는 불가능한 일이었지만 그들은 그 이상의 기술을 전수하지 않았다.

그 후 약 200년이 지나고 나서야 밝혀진 일이지만 우주항해 기법을 온전히 이양하지 않았던 것은 지구인의 의식 수준과 과학문명 발달 수준의 조화를 고려했기 때문이었다. 그들은 그런 균형이 깨질 경우,

걷잡을 수 없는 파국이나 재앙이 초래되는 것을 은하계 역사를 통해 수없이 관찰해왔기 때문이었다.

속도의 문제를 해결하지 못한 상태에서 당시 우주선 조종사들이 생각해낸 방법은 바로 극저온 수면기법이었다. 우주선을 가고자 하는 행성의 방향으로 고정시켜놓고 자동조종 시스템으로 전환해놓은 뒤 전 승무원은 수면에 들어갔다. 몇 달 혹은 몇 년이 흐르는 동안 다른 어떤 별도 거치지 않는 지루하고 소모적인 항해를 깨어 있는 상태로 해낼 재간이 없었던 것이다.

탐험가들은 대부분 극저온 수면기법을 이용했는데 몇 달에서 길게는 몇 년 동안을 먹지 않고도 버틸 수 있도록 인큐베이터가 혈관을 통해 일정량의 영양소를 공급해주었다. 심장 역시 최대한 느리게 뛰도록 조절되었다. 이것은 지구상의 북극곰이나 파충류 등이 겨울잠을 잘 때 나타나는 생체 메커니즘을 인간에게 적용한 프로그램이었다. 이 프로그램에 힘입어 24세기의 사람들은 그처럼 느린 우주선을 타고서도 은하계 곳곳을 여행할 수 있었다.

그들은 말 그대로 우주의 개척자들이었다. 탐험 초기에는 멀리까지 여행을 떠난 우주선의 90퍼센트 이상이 태양계로 되돌아오지 못했다. 통신체계가 제대로 발달하지 못했기 때문이었다.

이들의 은하계 여행이 중세 지구탐험시대의 마젤란이나 콜럼버스에 비유되는 것은 속도가 느린 배를 탔다는 공통점도 있었지만 통신체계가 그만큼 발달되지 않았다는 뜻도 있다.

현재의 은하계통신은 완전히 하나의 통합시스템으로 연결되어 있다. 은하계 내에서 일어나는 일이라면 그곳이 아무리 외지고 구석진 곳이라 해도 즉각 홀로그램 모니터에 나타날 수 있을 정도로 통신망이 잘 짜여 있다. 또한 은하계 내의 모든 휴머노이드계가 하나의 연방으로 이루어져 서로 긴밀한 연락망을 구성하고 있다.

시리우스계 성인들을 만난 뒤로 150년이 지난 2370년대에 지구인들은 비로소 또 다른 우주 지성체들을 만나게 되었다.

그들은 시리우스계만큼이나 지구 인류와 밀접한 연관을 갖고 있는 지성체들로서 바로 플레이아데스계 성인들이었다. 그들은 지금부터 1만 3천 년 전 아틀란티스 문명시대에 지구의 문명에 밀접하게 기여한 사람들로서 홍수 사건의 주역들이었다.

노아의 홍수 사건은 지구력에 의하면 성서의 시대 표시로 BC 4000년경이라고 하지만 사실 그것은 훨씬 이전 시대였다. 탐험가들이 플레이아데스계 성인들을 만나고 지구로 다시 귀환한 것은 24세기 말이었다.

플레이아데스계 성인들의 도움으로 25세기에는 인류의 우주비행술이 획기적으로 발달할 수 있었다. 그들을 통해 은하계 내에 그물망처럼 정연하게 정비되어 있는 타임터널의 지도를 알게 되었으며 이 지도를 통해 은하계 내에서만큼은 순간이동을 할 수 있게 되었던 것이다. 또한 우주항해에 가장 필요한 장치인 시간변환장치가 우주선 내부에 부착되었다.

그전까지의 우주선에는 동력장치만 있었으며 시간변환장치는 없었다. 당시 사람들은 무조건 빨리 움직일 수 있는 우주선을 개발하면 된다고 생각했던 것이다. 그러나 아무리 빠른 우주선이라 해도 타임터널을 이용하지 못하는 한은 본격적인 우주여행이 불가능했다.

물론 지금은 우리 은하계뿐 아니라 이웃 은하계, 예를 들면 우리 은하계의 위성은하인 마젤란 성운이나 혹은 가까이에 있는 안드로메다 은하까지도 순식간에 이를 수 있는 타임터널이 정비되어 있다.

빅뱅은 우주의 시작이 아니다

플레이아데스계 성인들을 만난 지구인들은 5차원 여행을 시작했다. 겨우 상상에서나 가능한 9차원 우주로의 여행이 가능할 것인지, 존재의 근원을 향한 우주로의 열망은 식을 줄 몰랐다.

지구 내부의 타임터널을 이해하는 것이 4차원 물리학이라면 은하계 내부의 타임터널을 이해하는 것은 5차원 물리학이다. 또 각 은하계 사이를 이어주는 타임터널은 6차원 물리학에 해당된다. 그리고 지금 우리(호모 아라핫투스의 후예)는 7차원 물리학을 연구하고 있다.

중세 지구의 채널러—당시에 사람들은 이들을 예언자라고 불렀다—들은 고대 헤브라이즘의 신비주의 단체인 카발라와 그들에게서 영향을 받아 이후에 형성된 그노시스파나 장미십자단의 가르침에 따라 7차원을 조물주의 차원이라고 생각했다.

그것은 당시의 일반인들이 관찰하고 상상할 수 있는 우주 전체를 뛰어넘어 존재하는 관념 속의 우주였던 것이다. 20세기의 인류는 기껏해야 6차원의 우주 성도를 상상할 수 있을 뿐이어서 그리한 우주로부터 받아들여진 전파를 통해 우주의 시초를 빅뱅이론으로 생각하고 있었다.

그러나 7차원 우주시대에 이른 지금 빅뱅이론은 단지 하나의 우주에서 시간대가 완전히 다른 또 하나의 우주로 이어지는 일종의 타임터널로 밝혀졌다. 그리고 지금은 우주 저편, 소위 말하는 섬우주끼리의 통신이 가능하다.

지금 확인된 바에 의하면 130여 개의 섬우주가 존재하는데 이는 우리가 살고 있고 상상할 수 있는 현재의 우주가 130번째로 만들어졌다는 뜻이다.

우리의 시간대로 볼 때 이들 우주는 이미 존재하지 않는다. 이미 멸망했거나 사라졌다고 생각되는 우주들인 것이다. 하지만 이 우주들은 그들의 시간대 속에서 엄연히 존재하고 있을 것이다.

마치 우리의 먼 과거가 여전히 존재하는 것과 같이 말이다. 하지만 이것은 과거라는 말로 표현할 수는 없다. 그것은 시간이란 잣대로 설명할 수 있는 것이 아니기 때문이다.

그럼에도 불구하고 어떤 성단의 천재적인 지성체들이 이 시간대가 다른 섬우주의 존재들을 만날 수 있는 계기를 만들었다. 기존의 시간여행과는 완전히 다른 시간대 도약이라는 방법을 통해서였다. 그리하여 그런 섬우주의 존재들로부터 전해 받은 정보에 의하면 이러한 섬우주의 완전한 반대 극부에 반우주라는 것이 있으며 이것이 곧 8차원의 우주이다.

더 나아가 이 8차원의 우주를 다시 통합하는 우주가 있으며 이것이 바로 통합우주로서 현재 우리가 상상하는 우주의 마지막 차원인 9차원이다. 이 9차원의 우주는 지금의 우리로서도 상상할 수 없는, 다시 말해 시간이나 공간 그리고 물질로 이루어진 우주가 아닌 것이다.

이 9차원 우주, 다시 말해서 우주라는 구체의 중앙에 이 모든 존재계의 근원인 센터가 존재하고 있을 것이라는 소문이 있다. 그러나 지금으로서는 이 통합우주인 우주의 중심에 접근할 수 없다. 이것은 죽어서도 불가능할 것이다.

과거에 우리 지구에 태어난 몇몇 존재들은 육체의 죽음을 통해 우리 은하계 속을 자유롭게 이동할 수 있었다. 다른 태양계 성인들이 지구에 태어나는 일이나 지구에 일단 태어났다가도 죽어서 자신의 고향 행성으로 돌아가는 것이 가능했다.

소위 말해서 5차원 여행이다. 대부분의 지구인들은 죽어서도 지구 시간대를 벗어나지 못했다. 그들은 기껏해야 4차원 여행을 했으며 그들의 영계는 곧 4차원 세계를 의미하는 것이었다.

그러한 한계가 조상숭배 신앙을 낳게 했지만 그때에도 이미 우리 은하계 내에서는 해탈이라는 방식, 즉 죽음을 통해 다른 성단으로 여행할 수 있는 길은 있었다.

그들은 우리 은하계보다 좀 더 발달된 영체공학을 알고 있었기에 6차원 여행을 할 수 있었다. 다시 말해 6차원 타임터널로 영체가 빠져들 수 있었던 것이다.

지금은 극소수의 존재들만이 죽음을 통해 7차원 여행을 할 수 있다. 지금으로선 이 방법만이 7차원 여행을 할 수 있는 유일한 방법이지만 인류의 의식이 더욱 심화되다보면 언젠가는 우리 은하계 내에서도 8차원 여행이 가능해질지 모르겠다.

수학에서 말하는 타키온의 세계 즉 허수의 세계에 존재하는 반우주에 가 볼 수도 있을 것이다. 그러나 9차원 여행은 아직까지 우리의 상상력으로는 실체를 그려보기도 불가능하다.

그것은 영혼이나 육체 그 어떤 것에도 해당되지 않는, 공간도 시간도 그리고 반공간대도 반시간대도 아닌 곳에 존재도 비존재도 아닌 상태로 실재 혹은 비실재 상태로 '있기' 때문이다―마지막에 사용한 '있다'는 표현이 적절하지 않겠지만 현재로선 달리 표현할 길이 없다.

24세기에 나타난 괄목할 만한 발전을 꼽으라면 플레이아데스계 성인들을 만난 것과 그들의 도움으로 5차원 여행이 가능해졌다는 것이다. 다음 세기인 25세기에는 5차원 여행, 즉 타임터널을 통해 우리 은하계 곳곳을 자유로이 다닐 수 있게 된다. 그리고 이것은 2세기 후에 맞닥뜨릴 태양계 대전쟁으로 이어지는 계기가 된다.

∞

당신은 24세기에 이루어진 시간여행을 어떻게 이해했는가.
그것을 아는 것이 이후로 펼쳐질 세계에 대한
이해의 기초가 될 것이다.
시간의 이동이란 단지 3년 전 과거로 돌아가
거액의 복권 번호를 알아내고
그 복권을 손에 넣어 거부가 되는 행복한 문제에 그치지 않는다.
그것은 이미 흐른 역사를 역행하는 어떤 작용의 가능성을 포함한다.
미래의 역사에도 마찬가지로 작용한다.
시간은 과거와 미래와 현재가 동시에 열려 있다.
그러나 이 시간들이
오직 하나의 띠로 연결되어 있는 것은 아니다.
그 시간에서 자신이 어떤 작용을 하느냐에 따라
이미 열려 있는 여러 개의 현재 과거 미래 중
한 경로로 들어가는 것이다.
만일 당신이 십 년 전의 과거로 돌아가면
그곳에서 현실적으로 영향력을 발휘할 수 있다.
이를테면 당신의 인생에서 중요한 선택의 지점에 다시 서서
그 선택을 전혀 다른 것으로 바꿀 수 있다.

∞

그러나 그 다음부터 당신이 겪게 될 시간은

당신이 겪은 것과는 전혀 다른 경로로 흐르게 된다.

당신이 원하거나 예측하는 대로 흐르지는 않는다는 말이다.

당신이 시간여행을 통해 미래를 보았다면 그것은

당신이 갈 수 있는 시간 경로 중 하나를 미리 본 것에 불과하다.

아직 가지 않은 당신의 미래들은

여전히 열린 채로 존재하고 있으며,

동시에 두 곳을 선택할 수는 없다.

다시 말하면 당신은 시간의 경로를 선택하는 것이지

그 결과를 지배할 수는 없다.

시간은 당신이 정복할 수 없는 영역에 존재하기 때문이다.

물론 당신이 새롭게 선택한 상황이 마음에 든다면

당신은 그 시간의 흐름에 자신을 맡기면 된다.

반대로 새로 선택한 현실이 마음에 들지 않는다면

다시 출발했던 지점으로 돌아올 수도 있다.

그러나 상상해보라. 많은 사람들이 자기 형편에 따라

시간의 사이트를 이리저리 수시로 옮겨다닌다면

어떤 혼란이 일어날 것인가를.

종횡으로 흐트러질 시간의 질서와 관계의 연대기들을.

∞

결국 시간여행은 많은 부작용을 야기할 수밖에 없다.

결국 얼마 후에는 과거로의 시간여행을

금지할 수밖에 없을 정도로.

미리 말하자면 그 금기는 잘 지켜졌다.

24세기의 호모 사피엔스들은

금기를 어기려는 욕망이 거의 없는 상태였다.

그들은 공동체의 평화와 공동의 가치에 기꺼이 복종했다.

일탈에 대한 이유를 찾지 못했다.

그들은 개인적인 욕구나 호기심에 의해 움직이는 단계를 벗어나

일체의 화합으로 가는 과정에 있었던 것이다.

그렇다면 당신의 미래로부터 온 나의 시간 여행은?

이 여행은 명령 불복종의 욕망에서 시작되어

그대를 만남으로써 성취되었다.

지금 이 기호들을 읽지 못하고 25세기로 들어가버린 누군가는

이 사실을 알지 못한다.

그러므로 이 기호는 당신에게만 주어진 열쇠인 셈이다.

나의 불복종을 통해 이루어진 우리의 만남은

무엇을 위한 것일까.

좀 더 앞으로 나아가보자.

25세기
The twenty-fiveth Century

—

마침내 우주인이 된 지구인

은하연맹에 가입한 지구는 더 이상 우주 안의 외로운 섬이 아니었다. 14만 4천 명의 지구 대표가 오리온 성좌의 트라페지움 행성에 초대되었다.

25세기로 접어들면서 지구제국, 가이아 킹덤은 은하연맹에 정식으로 가입하기 위한 절차를 밟았다. 드디어 지구인도 어엿한 우주시민으로 재탄생하게 된 것이다.

지구는 더 이상 은하계의 외로운 섬이 아니었고 지구인은 이제 은하연맹의 한 가족이 되었다. 플레이아데스계 성인들로부터 제공받은 5차원 과학, 즉 펜타고닉스라는 학문을 통해 은하계 안이라면 어디든지 다닐 수 있게 되었다. 여러 개의 타임터널을 통해 공간이동을 할 수 있었으며 이러한 공간이동의 근본이 되는 것이 곧 펜타고닉스였다.

펜타고닉스는 비단 물리학뿐 아니라 철학과 종교 등 모든 정신공학 및 영체과학을 총망라하여 하나로 아우르는 광범위한 학문이 되었다.

24세기의 쾌트로닉스 이후로 사실상 모든 학문은 대통일의 방향으로 진행되고 있었던 것이다.

지구의 인류는 달과 화성을 제2의 지구로 만든 뒤에 목성과 토성의 위성들에 각각 수백만 명씩 거주할 수 있는 기지들을 건설하기 시작했다. 적극적인 탐험과 개척을 통해 2410년대의 지구인들은 태양계를 완전히 장악하기에 이르렀던 것이다. 그리고는 태양계의 대표로서 당당히 은하연맹의 한 분파인 휴머노이드계 본부에 정식으로 가입하게 된 것이다.

은하연맹은 단백질 유기체로 구성된 모든 지성체들의 가장 큰 연합체이며 그중에서도 다수를 차지하고 있는 것은 인간의 모습을 띠고 있는 휴머노이드계이다.

은하연맹 내에는 소수이긴 하지만 파충류에서 진화했거나 조류에서 진화한 지성체, 혹은 곤충류에서 진화한 비인간계 단백질 지성체들도 있다. 또한 은하계 안에는 은하연맹에 가입하지 않은 지성체들도 있었는데 그들은 단백질 유기체로 이루어진 몸이 아닌 기계문명체로 발전한 지성체였다.

그들은 엄격한 의미에서 생물이라 부를 수 없는 존재였다. 기계몸을 지닌 개체로 구성되어 있으면서도 하나의 메커니즘으로 통일되어 있었으며 그들 나름의 정체성을 갖고 다른 생물체들과 엄연히 구분되었다. 그들은 우리 은하계가 아닌 아직은 밝혀지지 않은 머나먼 어떤 은하계에서 파생된 문명체로서 시스템이 스스로 계속 진화하고 발전한 것이었다. 그들 역시 끊임없는 확장 프로젝트를 갖고 있어서 갓 생성된 성단이나 은하계 변방의 항성계를 개척하는 일에 적극적인 행동을 보이고 있었다.

은하계 내에 생물체가 살 수 있는 조건을 갖춘 행성의 숫자는 약 1천만 개에 달했다. 당시 이 1천만 개의 행성 중에서 약 1백만 개의 행성에 지적 생명체가 살고 있었으며 그중 약 50만 개의 행성이 은하연맹에 가입해 있었다. 행성들은 모두 자신들의 성단지역에 따라 12개의 성단그룹을 이루고 있었다.

지구도 12개 성단그룹 중 한 곳에 속하는데 그 하나의 그룹은 은하연맹에 가입된 약 5만 개 정도의 행성을 보유하고 있었다. 지구에서 약 1500광년 정도 떨어진 오리온 자리의 트라페지움 항성계가 이 성단그룹의 수도 격이었다.

지구 역시 17광년 내에 있는 45개의 태양계와 함께 한 지역을 차지하고 있었으며 그런 것이 약 100개의 소집단을 이루어 우르사연합이라는 이름으로 불렸다. 우르사연합의 수도는 베가성이었으며 지구는 베가성의 한 자치구역으로서 시리우스계 행성들과는 지역적으로 가장 가까운 동반자 관계를 이루고 있었다.

우르사연합과 같은 규모의 연합이 또 100여 개의 대집단을 이루고 있는데 이 대집단을 성단그룹이라고 불렀고 이 성단그룹 12개가 모여 은하연맹을 이루는 것이었다. 은하연맹의 수도는 지구에서 볼 때 사수좌의 은하계 중심에 있는데 여기에는 별들이 밀집되어 있어 별들이 그리 많지 않은 산개성단과는 대조를 이룬다.

베가성은 은하계의 중심으로부터 온 휴머노이드 타입의 생물체가 우리 성단그룹에서 제일 먼저 정착한 태양계이다. 현재 우리 성단그룹의 수도는 오리온좌의 트라페지움 항성이지만 모두 이 베가성에서부터 성단 각 지역으로 퍼져나간 것이다.

은하연맹에 가입된 50만 개의 행성들은 모두 하나의 행성에 하나의 정부라는 단일행성국가이며 종교제도와 정치제도가 행성 단위로 통일된 사회구조를 이루고 있었다.

행성국가들은 각각 소집단과 대집단에 모두 소속되어 각각의 대표부로부터 어느 정도 통제를 받았으며 전체적으로 보면 완전한 조직을 이루고 있었다. 이들 연맹에 가입된 대부분의 행성들은 상당한 수준의 과학기술뿐 아니라 영적인 의식 수준에서도 지구와 비교할 수 없을 정도로 높은 상태에 있었다.

연맹에 가입하지 않은 나머지 50만 개의 행성은 그곳의 지적 생물체가 지닌 지성의 진화 정도가 미미하거나 어느 정도 과학적 인식이 갖추어져 있다 해도 아직 우주를 향해 눈을 뜨기에는 조금 부족한 상태였다. 고대의 지구와 같은 상태에 머물고 있었던 것이다.

25세기에 들어서면서 발생했던 급격한 변화들은 2410년에 있었던 대규모 행사를 기점으로 일단 마무리를 짓게 되었다. 그 행사란 바로 지구 전 지역의 원로들이 베가성에서 제공한 거대한 우주모선을 타고 우리 성단그룹의 수도인 오리온 성좌의 트라페지움 행성에 초청을 받아 방문한 일이었다. 이 방문은 지구가 은하연맹에 가입하게 된 것을 축하하기 위해 이루어진 것이었다.

가이아 킹덤(지구)에서 태어난 14만 4천 명의 원로들은 태양계 밖에 도착해 있던 거대한 우주선에 탑승하고 지구 역사상 가장 원거리의 우주여행을 하게 되었다.

트라페지움 행성에서의 잔치를 마치고 지구로 되돌아오기 전에 지구의 원로들은 성단그룹으로부터 자신의 유전자를 이용해서 만든 생체복제 인조인간을 선물받았다. 이들의 두뇌는 바이오 컴퓨터였기에 엄밀하게 말하면 인간이라고 할 수 없었다. 이 인조인간들은 원로들의 유전자로 이루어진 몸과 성단그룹에서 만든 바이오 컴퓨터 두뇌의 결합체로서 지구 인류 최초의 안드로이드라고 할 수 있었다.

축제가 끝난 후 원로들은 다시 지구로 돌아왔지만 14만 4천 명의 안드로이드들은 그곳 트라페지움에 남게 되었고 원로들은 각자의 안드로이드와 직접 연결할 수 있는 통신장치를 선물받았다. 그 통신장치를 통해 지구의 원로들은 제각기 그곳 트라페지움의 사정뿐 아니라 중앙정부에 제공된 성단그룹 전체의 소식도 얻을 수 있게 되었다.

일설에는 본체가 그곳 트라페지움에 남고 분체 즉 안드로이드가 지구로 왔다고 하는데 31세기인 지금도 사실 여부를 확실히 밝혀내긴 어렵다. 나는 후자의 소문이 더 진실에 가깝다고 생각한다.

인간복제 대신 안드로이드를 선택하다

인류는 행성개척과 태아 양육을 위해 안드로이드를 제작했다. 인간의 몸에 인공뇌를 장착한 안드로이드는 인류의 손과 발, 그리고 자궁이 되었다.

지구 원로들이 지구에 돌아온 뒤부터 지구에서는 안드로이드 제작붐이 일어났다. 안드로이드 제작 초기에는 주로 사고로 사별했거나 헤어져 살 수밖에 없었던 가족이나 연인들의 유전자를 이용하여 만든 것이 대부분이었다. 하지만 그런 경우가 그리 흔한 것은 아니었다.

사람들의 평균수명이 150세로 늘어나 대부분 천수를 다하고 죽었으며 고도로 발달한 물질문명으로 인하여 불의의 사고로 죽는 경우도 무척 드물었기 때문이다. 또한 사고를 당했을 때도 목숨이 끊어지지 않는 한 손상된 부위를 인공장기나 인공신체로 대체해서 생명을 이어나갈 수 있었다. 이미 외과술의 수준은 회복 불능의 뇌사 상태가 아닌 한은 어떤 수술도 가능할 정도였다. 따라서 인공장기나 인공신체를 부착하고 살아가는 사람들도 많이 있었다. 그렇지만 그들의 자연수명이 연장되는 것은 아니었다. 뇌세포를 완전히 뜯어고치기 전에는 세포에 각인된 생체시계를 바꿀 수 없었던 것이다.

31세기인 현재, 일부 성단의 주민들은 그 생체시계를 조작해 수명을 무한정으로 늘리기도 한다. 하지만 그것은 생물체 번성이라는 우주의 근본 목적과 어긋나는 것이어서 수많은 부작용이 발생했고 그 결과 중앙정부가 적극 개입하여 행성정부가 자체적으로 죽음을 수용하는 법을 만들도록 압력을 넣는 경우도 있었다. 이런 경우 그들은 대부분 자체적으로 다시금 죽음을 수용하게 되었다.

2420년대부터 안드로이드는 특수한 용도를 띠고 제작되기 시작했다. 지구 태양계나 가까운 항성계의 행성개척을 위해 안드로이드를 제작했던 것이다. 생물체가 살 수 없는 행성을 탐사하고 생물체가 살 수 있도록 만드는 행성개척은 무척 위험한 일이었기 때문에 현장에서 일하는 인력은 대부분 안드로이드로 대체시켰다.

안드로이드는 대부분 이미 사망한 사람들(호모 사피엔스)의 불특정 다수로부터 무작위로 뽑아낸 유전자를 통해 제작되었다(21세기 중반부터는 누구나 죽을 때 각 개인의 유전자를 보관하는 관례가 정착되었다). 그런 의미에서 보면 안드로이드를 제작하는 데 사용된 유전자는 엄밀하게 말해 죽었던 육체의 부활이라고 보아야 할 것이다.

행성개척 초기에 동원된 안드로이드들은 대부분 지구로 돌아오지 못하고 일정 기간이 지나면 그곳에서 폐기처분되었다. 초기의 안드로이드는 생체공학이 완벽하게 발달하지 못했던 이유로 수명에 한계가 있기도 했지만 지구정부에서 안드로이드들이 계속 생존하기를 원치 않았기 때문이다. 또한 당시에 제작된 안드로이드는 대부분 노동을 위해 제작된 것들로서 성기능이 제대로 발달되어 있지 않은 상태였다.

2430년대에는 더 발전된 인큐베이터 역할로 대리모 기능을 하는 여성 안드로이드들이 제작되기 시작했다. 부모가 될 사람으로부터 정자와 난자를 제공받아 수정란을 만든 다음 여성 안드로이드의 자궁에 착상시켰는데 인큐베이터에서 성장한 태아보다 생체의 자궁에서 성장한 태아가 훨씬 더 사회성이 크다는 동물 실험 결과가 나왔기 때문이었다.

인큐베이터를 이용하여 태아를 양육한 지도 이미 200년이 넘었기 때문에 그 설비는 태아의 건강에 아무런 악영향을 주지 않을 정도로 발달돼 있었다. 그러나 인큐베이터에서 양육된 태아들은 성인이 됐을 때 개체적 성향이 너무 강하게 나타나 집단을 이루는 데 적잖은 노력이 필요했다.

그들에게 사회성을 심어주기 위해 정부에서는 많은 시간을 투자해야 했으며 복잡한 교육 프로그램을 준비해야만 했다. 결국 그 대안으로서 유기체 내에서 태아를 양육할 수 있도록 여성형 안드로이드를 제작하기 시작했던 것이다. 그리고 아이들을 돌보는 보모의 역할도 여성형 안드로이드에게 주어졌다.

시간이 흐를수록 인간과 안드로이드를 구분하는 벽은 점점 낮아졌으며 단지 뇌를 구성하는 재질의 차이로 구분할 수 있을 정도가 되었다. 자연뇌와 인공뇌 정도의 차이뿐 성능상의 차이가 그리 큰 것은 아니었다. 자연뇌가 교육을 통해 점차적으로 행동 및 사고양식이 정립된다면 인공뇌는 시스템에 의해 한꺼번에 행동 및 사고양식이 입력된다는 점이 다를 뿐이었다. 그리고 또 한 가지, 인간은 유아기와 성장기를 거치지만 안드로이드는 곧바로 성인으로 태어난다는 점이 달랐다.

안드로이드를 구성하는 유전자의 본래 주인은 인간이었기에 엄밀하게 따지면 그들도 어린 시절의 기억을 갖고 있었다. 단지 그 기억은 뇌를 대체함으로써 표면의식에서 완전히 지워졌다.

21세기에 성공한 인간복제실험은 사회적 혼란과 부작용으로 인해 더 이상 시행되지 않았다. 복제된 인간들의 정체성에 관한 많은 논란이 끊임없이 일어났기 때문이었다. 똑같은 사람을 얻기 위해서 복제인간을 만들었지만 그것이 단백질 유기체로 만들어진 인간인 이상 새로운 영체가 그 몸속에 거주하게 되었고 육체만 같은 모습이지 인간의 주체라고 부를 수 있는 정신은 전혀 다른 사람이었던 것이다.

그런 결과로 사회가 조건지어주고 요구하는 정체성과 복제인간 자신의 정체성 사이에 많은 혼란이 야기되었다. 그러한 부작용의 결과로 복제인간들은 행복해 하지 않았다. 대부분의 복제인간들은 자살을 하거나 심각한 정신적 스트레스에 시달렸으며 복제인간의 문제는 곧 사회문제로 확대되어 정부 차원에서 이 실험을 전면적으로 금지시켰다. 복제인간에 관한 논란은 일찌감치 매듭지어졌던 것이다.

25세기에 일어난 또 하나의 특기할 만한 사실은 호모 아라핫투스들에게 생식력이 생겼다는 것이다. 이전 세기부터 연방정부 차원에서 호모 아라핫투스들의 인구수를 늘이기 위해 많은 노력을 기울였지만 쉽게 결실을 볼 수 없었다. 그러나 24세기 말부터 일반인들의 생식력이 급격하게 떨어지는 대신 이들에게는 오히려 생식력이 생겨났다.

그것은 지구 차원의 전체 의식이 급격히 고양되기 시작했고 그런 의식의 고양으로 인해 지구가 호모 아라핫투스들이 살기에 적합한 행성으로 변화되었기 때문이다.

25세기 중반부터 호모 아라핫투스의 비율이 급격히 늘어나게 되어 25세기 말에는 지구 전체 인구의 3분의 1 수준이 되었다. 마치 과거에 지구에서 일어났던 네안데르탈인과 크로마뇽인의 인류 교체 양태와 흡사했다.

다시 자연으로 돌아가다

인류는 기계로 이루어진 모든 것에 싫증을 냈다. 편리함보다는 자연에 더욱 가까워지기를 원했다. 안드로이드의 도움을 얻어 인류는 다시 자연으로 돌아갔다.

2450년경부터는 급격한 주거생활환경의 변화로 인해 가정용 안드로이드가 출현하여 모든 가사일을 전담하게 되었다.

24세기만 해도 사람들은 인공지능형 기계건물 속에서 살았기 때문에 단추를 누른다든지 말로 명령만 한다든지 하는 식의 아주 작은 노동력만으로도 충분히 가사 문제를 해결할 수 있었다. 하지만 25세기에 들면서 사람들의 기호가 변하기 시작했다.

좀 더 자연에 가까워지기를 원했기 때문에, 사람들은 중세 지구의 주거형태처럼 바위나 나무 모양의 자재로 집을 짓고 전원에서 살고 싶어 했다. 물론 바위나 나무처럼 보일 뿐 그 자재들이 실제의 바위나 나무는 아니었다.

구체적으로 말하면 큰 건물을 짓는 데 사용된 바위 형태의 재료는 산호초의 일종이었다. 산호초의 유전자를 변형하여 바위와 같은 모습을 띠게 했지만 그것은 엄연히 살아 있는 생물이었다. 소규모의 가옥은 통나무 집의 형태로 지었는데 그것도 살아 있다는 의미에서는 산호초와 마찬가지였다. 나무를 잘라서 만드는 과거의 통나무집과는 달리 집 전체가 살아 있는 하나의 거대한 나무로 만들어졌으며 얼핏 보면 거대한 버섯과 흡사했다. 사람들은 그 속에서 생활하면서 훨씬 더 정서적으로 안정감을 느꼈고 또한 쉽게 생체 에너지를 재충전할 수 있었다.

이러한 가옥구조가 출현하게 된 이유는 기계 형태로 이루어진 모든 인공적 생산물들에 대해 인류가 싫증을 느끼기 시작했기 때문이었다.

또한 교통수단을 이용할 때도 인공적인 트랜스포터보다는 말이나 거대한 새처럼 생긴 생체로봇을 선호했다. 그것들은 생김새로 보아서는 로봇이라는 생각이 들지 않을 정도로 생물체와 가까웠다. 유전자 조작으로 만든 생체에 전자두뇌를 이식한 생물체였다.

뒤에 자세히 설명하겠지만 이러한 일련의 변화에는 환각제 스파이마의 공급 중단이 가장 근본적인 원인으로 자리잡고 있었다.

사람들은 우주개발 분야를 제외하고는 일상생활의 모든 면에서 기계장치를 사용하지 않기 위해 노력했다. 그 결과 겉으로 보기에는 마치 원시생활을 하는 것과 같은 착각을 일으켰다.

새로운 의미의 원시생활을 시작하고나서 인류의 식생활도 차츰 변하게 되었다. 우주식과 같은 캡슐 형태의 음식물을 지양하고 채소나 과일과 같은 일차적인 형태의 음식물을 선호하게 된 것이다. 이와 더불어 사람들 사이에서는 사라져가던 성욕도 다시금 서서히 깨어나기 시작했다. 성욕의 근원이 자연산 식물에 있었기 때문이었다.

사람들은 이런 변화의 결과로 인해 과중해진 일차적 생산노동과 가사노동의 문제를 안드로이드를 통해 해결하기 시작했다.

한편 24세기 중반부터 오존층이 완비되고 자외선과 각종 우주선(宇宙線)이 차단되기 시작하면서 자연 상태의 스파이마 생산이 급격하게 줄어들었다. 그리하여 자외선 및 기타 인공 우주선(宇宙線)을 조사(照射)시켜 공장에서 생산하게 된 스파이마에 의존할 수밖에 없었는데 이전의 자연산에 비하면 그 약효가 훨씬 떨어졌다.

자연산 스파이마의 재고량이 바닥날 즈음인 2410년, 인류는 이 식물을 재배할 장소로 달을 선택해야 했다. 달은 돔의 내부를 제외한 지역에는 오존층이 형성되지 않은 상태였고 지구와 비슷한 성분의 우주선을 충분히 흡수할 수 있기 때문이었다. 그러나 달의 토양은 지구의 사막, 특히 북아프리카와 아랍 일부 지역의 토양과는 그 구성성분이 전혀 달랐기 때문에 지구로부터 대량의 사막 토양을 옮겨가야만 했다.

화성의 경우 지구의 사막 환경과 유사한 점이 많아 화성의 일부 지역에서 스파이마의 재배를 시도했었지만 24세기 말에는 화성 역시 지구와 비슷한 정도의 오존층을 보유하게 되어 그나마도 재배가 불가능하게 된 것이었다.

달에서 생산된 스파이마는 인공적 요소가 강해 지구에서 재배되었던 것과는 약효에 있어서 비교할 수가 없을 정도였다. 자연산 스파이마의 분자식을 그대로 모방하여 인공적으로 만든다 해도 분자 차원에서는 비슷했지만 원자보다 더 작은 소립자 즉 쿼크나 렙톤 수준에서는 흉내를 낼 수 없었기 때문이다.

대부분 중성미자인 뉴트리노 수준에서 극도로 미세한 작용을 하는 스파이마의 효과는 도저히 인공적으로 흉내낼 수 없는 것이었다. 만약 스파이마가 인간의 육체에 작용하는 일차원적인 거친 상태의 약물이라면 분자식 모방 정도로도 충분히 약효를 낼 수 있었을 것이다. 하지만 스파이마는 육체가 아니라 유체 혹은 영체로 불리는 정신체의 활동에 섬세한 영향을 미치는 것이었기 때문에 분자나 원자 차원의 모방으로는 한계가 있었다. 지구에 내리쬐는 자외선이나 각종 우주선(宇宙線)의 절묘한 조화를 통해 이루어지는 극소립자 상태의 미묘한 배열이 인간의 정신에 미세한 변화를 유도하는 것이기 때문이었다.

이런 입장에서 보자면 4, 5세기 전에 나온 환각제들은 너무나 원시적이고 거친 것들이었고 인간의 잠재력을 개발하기보다는 뇌세포를 파괴시키는 과정에서 나오는 섬망 상태를 환각으로 착각하게 만드는 원리의 수준 낮은 것들이었다.

스파이마와 비교한다면 그런 마약들은 도저히 환각제라고 볼 수 없는 것으로 인간의 생명을 단축시키는 독약일 뿐이었다. 스파이마의 약효에 절대적으로 의지하고 있던 인류로서는 스파이마를 대신할 새로운 대안을 찾는 것이 시급한 과제였다.

스파이마의 대안을 찾는 동안에 사람들은 자신들의 중독 상태를 냉철하게 비판하기 시작했다. 그동안 인류는 쾌감과 놀이에 너무 몰두해 있었던 것이 사실이었다.

과학문명의 발달이 가져다준 여가시간을 감각적 즐거움을 얻는 일에 소진시켰던 것이다. 그러나 그런 행위로 인해 물질과학 및 정신과학의 여러 분야에서 새로운 발전을 이룬 사실도 부정할 수는 없었다.

빛의 옷을 입고 진실을 찾다

원시생활로 회귀하고 새로운 종교를 갖춘 인류는 진실만을 드러내주는 '빛의 옷'을 입었다.
거짓을 벗어던진 인류는 예술활동을 즐겼다.

발달된 유전공학과 환경생태학을 통해 지난 세기부터 시작된 환경
정비사업이 2420년대에 들어서 거의 끝나가고 있었다.

실로 백여 년의 세월을 보내고 나서야 지구는 기계문명으로 인한
모든 인공물의 모습들을 제거하고 그 부작용을 치유하며 젊고 활력
있는 행성의 모습을 되찾은 것이다. 지구는 영생을 약속하는 생명과
가 없는 것만 빼고는 신화에 나오는 에덴동산과 같은 수준의 환경을
조성할 수 있었다. 환경은 복원되었지만 인간의 의식까지 이전처럼 젊
고 순수하게 돌아온 것은 아니었다.

지구는 더욱더 노령화되어 갔으며 그와 동시에 완벽해진 환경 속에
서 안일함에만 집착해오던 삶에 대한 회의의 목소리가 사회의 분위기
를 주도했다. 그러한 사회적 공감은 원시생활로의 회귀와 함께 새로
운 형태의 신앙생활로 이어져 은하연맹의 우주종교가 사람들에게 큰
호소력을 갖기 시작했다.

사실 인류는 그 이전 시리우스계 성인들을 만나면서 하나의 통일
된 신앙체계를 제공받은 적이 있었다. 그리고 강력한 지구연방정부가
발돋움하던 24세기 초반부터 종교는 인간사회에서 빠질 수 없는 필수
요소가 되었다. 정부의 수반 역할을 하는 원로가 곧 성직자의 역할을
겸임하는 제정일치의 사회로 변모해 있었던 것이다.

25세기에 들어설 즈음에는 성단그룹의 대표부를 통해 은하연맹으

로부터 제공받은 종교가 번성했는데 그 교리는 합일이 주제를 이루고 있었다. 개인과 개인간의 합일, 개인과 공동체의 합일 그리고 공동체끼리의 합일이 가장 중요한 주제였다. 더 나아가 모든 사회 구성원들이 신과의 완전한 합일을 이루는 결과로 나타나는 형태가 이 종교의 궁극이라고 했다.

그러나 우리 성단그룹 내에 있는 어떤 행성의 지성체도—모두가 휴머노이드계이지만—은하연맹의 종교에서 요구하는 수준의 합일에는 이르지 못했는데 그것은 개체성을 가진 인간의 한계 상황이었다.

태양계 내부의 공간이동터널 지도가 2440년대에 완성되어 태양계 안에서만큼은 아주 손쉽게 공간이동을 통한 여행을 할 수 있었다.

인류는 완성된 공간이동터널 지도를 바탕으로 태양계의 탐사를 모두 마치고 외계로의 진출을 본격적으로 서두르게 되었다. 외계로의 진출은 단순한 탐사여행이 아닌 개척활동이었다.

첫 번째 목표 지점으로 우리 태양계와 가장 가까이 인접해 있는 3개의 태양계가 지목되었다. 그중 하나가 프록시마로 과거 20세기 중반부터 외계인이 있을 것으로 추정되어 중세지구의 미국을 중심으로 외계전파 수신 및 오즈마계획으로 명명된 탐사계획이 설립되어 원시적인 탐사가 이루어지던 곳이었다. 하지만 그 후 여기에는 어떤 지성체도 살지 않는다는 것이 판명되었다.

프록시마 별은 이미 오래전부터 은하연맹이나 성단그룹 지도부에서 체결한 상호불간섭 조약에 의해 지구에 지성체가 이식되는 순간부터 미래에 지구의 영역이 될 것이라는 계획에서 행성개발이 보류되어

온 지역이었다.

2450년대에는 세 개의 외행성, 즉 천왕성, 해왕성, 명왕성에 우주기지가 마련되었고 그로부터 10년 뒤에는 화성과 목성 사이에 거대한 인공행성을 건설하려는 계획이 설립되었다. 마로나라는 이름으로 명명되어 추진된 그 인공행성은 그로부터 30년 후인 2490년에 완성되어 새로운 행성으로 탄생하였다.

인공행성의 재료가 될 여러 가지 광석은 목성에서 채취되었다. 인공행성은 달보다 약간 작은 크기로 여러 가지 금속에서 추출한 특수합금을 사용하여 만들어졌다. 그 내부에는 거대한 무한동력장치와 수소핵융합로가 연결되어 있어 자전과 공전의 에너지를 갖게 되었다.

인공행성은 태양계로 진입하는 혜성 중에서 지구와 충돌할 위험성이 있는 것들을 사전에 제거하기 위한 목적으로 건설된 것이었다. 시리우스계 성인들에 의하면 사실 아주 오래전 그 자리에 하나의 행성이 있었다고 했다. 그런데 어떤 이유에서인지 행성이 폭발하면서 산산이 부서져 소행성 무리로 변하게 되었다는 것이다. 폭발한 행성의 본래 이름이 마로나였기 때문에 새롭게 만든 인공행성의 이름도 마로나라고 하였다.

2460년대에는 특이한 섬유가 개발되어 옷에 대한 개념이 새롭게 바뀌었다. 개발된 섬유는 생체에서 발산되는 빛 에너지 즉 오라(aura)의 상태를 그대로 반영하는 일종의 플라즈마 형태의 형상기억 액체소재였다.

착용하지 않은 상태에서 보면 그저 단순히 투명한 액체처럼 보였다. 그러나 일단 사람이 그 의복을 착용하면 투명한 액체 상태에서 졸(sol) 상태로 변하면서 인체의 변화에 따라 여러 가지 색깔로 바뀌었다.

이 옷은 신체의 건강 상태를 그대로 나타내주었기 때문에 시시각각으로 변하는 몸 상태뿐 아니라 복잡한 감정까지도 쉽게 드러내주었다. 오라의 색채가 그대로 옷의 색깔이 되었으며 신체와 주변 환경의 온도를 완벽하게 차단하는 효과도 갖고 있었다.

사람들은 이 섬유를 '빛의 옷'이라고 불렀다. 어떤 사람의 경우에는 그 옷을 입고 있으면 투명한 백색광선이나 눈이 부실 정도의 황금빛을 발산하기도 했다.

영체단련을 많이 한 마스터들의 경우 그들의 의식 상태가 고양되면 그런 모습을 나타냈는데 그 모습은 고대의 종교화에 등장하는 천사들의 상상도와 비슷했다. 또한 오라가 강할 때는 그것을 증폭시키는 작용을 하여, 기분이 좋을 때 그 옷을 입고 있으면 엑스터시까지 느낄 수 있게 해주었다.

당시의 모든 사람들은 구하기 어려운 스파이마를 복용하는 대신 그 옷을 입게 되었다. 약 10년 뒤인 2470년대에는 모든 지구 인류가 이 빛의 옷을 입게 되었다.

빛의 옷을 입고 있는 사람은 자신의 감정 상태를 남에게 속일 수가 없었다. 그 옷을 입은 상태에서 나쁜 의도로 거짓말을 한다면 그런 부정적 감정은 그의 오라를 통해 그대로 외부에 표출되었고 그 결과 더 이상 나쁜 의도를 담은 거짓말은 할 수 없는 상황이 되었다.

더 나아가 빛의 옷을 입지 않는다는 것은 일부러 자신의 의도나 감정 상태를 남에게 숨기겠다는 뜻으로 받아들여져 타인과 교제하는데 어려움을 겪어야만 했다. 그 옷을 거부한다는 것은 진실된 차원에서 어떤 종류의 교류도 하지 않겠다는 의미가 되는 것이었다.

사람들은 그 옷을 입고서 여러 가지 예술활동을 즐겼다. 여러 사람이 손을 잡고서 한 가지 일에 의식을 합일시키면 각자의 오라가 증폭되어 전체의 빛이 황홀하게 어우러져 나타났다. 이런 현상에 특별한 탐구심과 흥미를 가진 사람들이 모여 다양한 예술공연도 하게 되었다.

예술과 종교에 심취한 인류

이기적 성향이 사라진 후에 인류에게도 예술과 종교가 최대의 관심사가 되었다. 노동에서 완벽하게 해방된 인류는 오직 '합일'을 위한 예술과 종교에 심취했다.

빛의 옷을 통해 발산되는 다양한 빛은 홀로그램 모니터와 연결시킬 수도 있었다. 의식의 힘만으로 여러 가지 새로운 빛을 창조할 수 있었기 때문에 대중예술의 새로운 장르로 개발되었다.

25세기의 사람들은 누구나가 다 예술가라고 불릴 수 있을 정도로 모두 예술에 대한 관심과 조예가 깊었다. 그것은 스파이마의 공급 중단으로 인한 새로운 유형이기도 했다.

환각제의 공급 부족은 사람들로 하여금 대부분의 여가 시간을 예술활동에 전념하도록 만들었던 것이다. 이러한 취미생활은 인간관계를 새로운 각도에서 묶어주는 역할도 했다. 예술공연이란 다수의 사람이 모여서 행하는 것이고 그 기분을 나눌 때 황홀감은 더 커지기 때문이다.

스파이마를 통한 환각 상태가 주로 개인이나 소수의 그룹이 즐기는 행위였다면 예술은 더 많은 사람들이 함께 참여하여 공동의 즐거움을 확장시키는 활동이었다. 이러한 상황은 사람들로 하여금 타인의 존재에 대한 필요를 더욱 실감하게 했고 나아가서는 인간의 합일을 이루게 하는 계기가 되었다.

몇 세기 전만 해도 이성 혹은 동성 간의 사랑이 성행위를 통해 즐거움을 나눌 수 있는 수단으로 작용했던 경우가 많았다. 당시의 성행위를 현재의 시각으로 분석하면 거기에는 이기적인 성향이 강하게 나타난다. 가상현실 체험이나 환각제 복용을 통한 영체비행 등도 마찬가지로 개체적 성향의 활동이었다. 하지만 환각 상태 대신 예술행위가 사람들의 취미활동으로 대체되면서 인간과 인간 사이에는 강한 유대감이 형성되었다.

예술행위를 통해 얻어지는 각 존재의 합일의식과 일체감은 환각 상태에서 얻는 황홀감에 결코 뒤지지 않았다. 빛의 옷을 통해 인류는 스파이마 결핍으로 인한 부작용을 쉽게 극복해나갈 수 있었다. 새로이 왕성하게 전개된 예술활동은 곧바로 합일이라는 당시의 종교의식과 자연스럽게 연결되었다.

25세기의 종교의식은 우주창조 행위와 밀접한 관련을 맺고 있었다. 사실 은하연맹에서 제시한 종교행위란 우주의식 차원에서의 창조행위를 말하는 것이었다. 이러한 창조행위를 일상생활 속에서 펼치면 곧 예술활동이 되었으며 25세기 이후부터는 하나의 종교의식 즉 중세의 예배와 같은 것으로 변모한 것이다.

진·선·미 라는 각각의 덕목이 이 시기에 이르러 사람들에게 통합된 개념으로 받아들여지기 시작했다. 중세시대처럼 예술행위가 그 시대 종교의 교리를 벗어나기 위한 탈출구로 여겨지던 부조화는 더 이상 일어나지 않았다. 따라서 25세기의 사람들에게 예술가가 된다는 것은 곧바로 종교가가 된다는 의미였으며 이는 예술가와 예언자의 구분을 허무는 계기가 되었다.

지구에 안드로이드의 수가 늘어나자 빛의 옷을 통해 인간과 안드로이드를 구분하게 되었다. 옷을 입지 않은 상태에서는 육안으로 안드로이드와 인간을 구분할 수 없었다. 빛의 옷을 입었을 때 여러 가지 빛깔들을 수시로 뿜어내는 것은 인간이고 빛깔의 차이가 없는 존재는 곧 안드로이드라는 식으로 구분이 가능했다. 당시의 안드로이드는 감정의 변화가 미미했기 때문에 동물 상태의 일정한 오라만 방출했던 것이다.

2470년대에 들어서면서 안드로이드의 수는 절정에 달했다. 자동생산 시스템에 의해 안드로이드가 대량으로 생산되었기 때문인데 그 수는 인류의 3분의 1에 육박할 정도였다.

지구상에는 더 이상 인류가 스스로 육체를 움직여 해야 할 노동이 하나도 남지 않게 되었다. 모든 육체적 노동은 안드로이드에 의해 이루어졌고 인간은 오직 정신적인 차원의 세계에만 몰두할 수 있게 된 것이다. 즉 노동에서만큼은 완전한 해방이 이루어진 것이었다.

2480년대에 이르러 인간은 한 가지 주제에 몰두하게 되었는데 그것은 곧 신앙생활이었다. 다시 말해서 의식의 완전한 각성을 통해 인간끼리의 완벽한 합일을 이룬다는 주제에 전념하게 된 것이다. 이러한 운동들은 이미 오래전에 호모 아라핫투스들을 중심으로 펼쳐지고 있었는데 25세기에는 일반인들(호모 사피엔스)에게까지 퍼졌던 것이다. 그런 풍조와 함께 자연으로의 회귀를 부르짖는 운동들이 다양하게 일어났다.

지구에 남아 있는 사람들은 자연회귀운동의 분위기로 인하여 시스템의 통제에서 벗어나고 싶어했다. 시스템이 약속해주는 쾌적함과 레저활동은 더 이상 사람들에게 호소력을 갖지 못했다.

사람들은 오히려 시스템의 관리에 대해 싫증을 내기 시작했다. 사람들은 서서히 인간끼리 하나가 될 수 있는 인간 본연의 공통 요소를 찾기 시작했던 것이다. 그 공통의 요소는 바로 신이었으며 고대종교에서 중요시했던 인간과 유리된 신적 대상은 더 이상 존재하지 않게 되었다. 스파이마를 통한 짜릿한 영체비행도 더 이상 인간끼리의 합일감만큼 인류에게 만족감을 줄 수 없었다.

태양계를 벗어나 은하계를 가다

공간이동터널을 만들 수 있게 된 인류에게 태양계는 너무나 좁은 공간이었다. 태양계 너머에 있는 은하계의 미개척 행성들이 지구인들의 모험의 대상이었다.

2490년대에는 모험을 즐기는 수많은 사람들이 은하계 외곽으로 눈을 돌려 우주개척에 힘을 쏟게 되었다. 그들은 더 이상 지구와 태양계에 대해 그리고 그것에 관련된 삶에 대해 어떤 긴박감도 느낄 수 없었다.

태양계 내에는 이미 수많은 기지들이 완비되었고 인공행성까지도 생겨났기 때문에 태양계는 더 이상 생명을 걸고 탐험할 만한 위험한 대상도 미지의 세계도 아니었다.

지난 세기 플레이아데스계 성인들의 도움으로 은하계 내에 있는 공간이동터널의 지도를 입수한 지구의 우주개척자들은 태양계를 조금 벗어난 우주공간에 공간이동터널이 시작되는 하나의 거대한 문을 만들었다. 그것은 일종의 우주정거장의 외관을 지닌 거대한 원형의 에너지 진동 증폭장치였다.

그 원형의 틀에 에너지를 증폭시키면 공간이동터널로 들어갈 수 있는 입구가 생겼다. 이 터널을 이용하면 지난 세기에 널리 사용되었던 극저온 수면장치를 사용할 필요 없이 즉각 은하계 곳곳을 여행할 수 있었다.

이론적으로 말하자면 공간이동터널은 최소한 양쪽 끝의 문 두 개가 필요하다. 태양계 밖에 설치된 하나의 문만으로는 원하는 곳으로 갈 수 없었다. 들어가는 문이 있으면 나오는 문이 있어야 하기 때문이었다. 하지만 나오는 문은 굳이 현장까지 이동하여 만들어낼 필요가 없었다. 가볼 만한 항성계나 성단에는 그러한 문들이 이미 갖추어져 있었기 때문이다.

문제는 그쪽 문을 통과할 수 있도록 허가를 받는 일이었다. 그 문들은 항상 작동되는 것이 아니었기 때문에 그 터널을 이용해 나가는 문을 통과하기 위해서는 우선 가고자 하는 쪽의 행성계에 통보를 해야 했다. 그 전파의 수신지는 지구 원로원의 안드로이드가 있는 우리 성단그룹의 본부인 트라페지움 항성이었다.

터널을 이용하기 위해서는 지구연방정부의 허락과 동시에 성단그룹의 본부에도 통보해서 허가를 받아야 했지만 절차는 전혀 까다롭지 않았다. 지구 원로원의 요청사항이 있을 시에는 언제라도 즉각 허락이 떨어졌다. 그런 중계 역할도 지구연방정부의 중요한 임무 가운데 하나였다.

화성 이외에도 제2의 지구라고 부를 수 있는 행성들이 여러 개 생겨났다. 그리고 그곳에서도 각각의 정부가 생겨나기 시작했다. 정부들은 성단그룹의 대표부로부터 인정을 받은 것은 아니었으며 단지 지구연방정부로부터 자치권만 인정받은 상태였다.

화성을 필두로 지구가 속한 태양계뿐 아니라 인근 태양계에서도 지구 인류가 주체가 된 정부들이 지구연방정부로부터 독립하여 각자의 길을 걷기 시작했다.

현지에서 태어난 아이들이 상당수 늘어났고 그들의 이름 앞에는 출신 행성의 이름을 수식어로 붙였다. 그런 행성 고유번호의 종류는 족히 십여 개는 되었다. 우주개척의 의지가 있는 사람들에게 이제 태양계는 너무나 좁은 공간이 되어버렸다.

우리 태양계 주변에서 가장 가까운 9개의 태양계는 지구 인류에게 허락된 미개척지였다. 그 태양계들은 모두 생물체가 살지 않거나 살더라도 원시생물 정도가 거주하는 행성들로 이루어져 있었다.

지구인들이 그 이상의 범위를 넘어 행성개척을 할 수는 없었다. 또다른 항성계와 성단그룹 차원의 협약이 이루어져 있었기 때문이었다. 단지 은하계 가장자리의 외곽지역에는 오래된 별들로 이루어진 성단들이 있었는데 그곳만큼은 원하는 행성에 한해서 자유롭게 일할 수 있는 자유개척지역이었다.

다음 세기인 26세기에는 지구 역시 이런 외곽지역으로 개척의 손길을 뻗게 된다.

∞

정체성의 혼란을 느끼는 복제인간의 비애가 느껴지는가.

다른 어떤 존재의 연장선상에서 똑같은 모습으로 태어났지만

전혀 다른 정신세계를 갖게 된 존재.

엄연히 독립된 개체인데도

어떤 존재의 분신이라는 태생의 한계를 벗어날 수 없는 존재의

자기 정체성에 대한 회의는 당연한 것이다.

그런데 그런 정체성에 대한 회의가

복제인간의 존재를 사멸시키는 결정적인 계기를 제공하게 된 것을

주목해 보아야 한다.

이러한 존재에 대한 회의가 후일

호모 사피엔스들에게도 심각하게 제기되었으며,

급기야는 자발적인 사멸의 과정을 밟게 되기 때문이다.

(지금 당신이 자신의 정체성에 대해 확신을 가지고 있다면

참으로 큰 축복이 아닐 수 없다.

나는 많은 사람들이 정체성의 혼란을 심각하게 겪었으며,

그로 인해 많은 병리현상들이 일어났던 것을 알고 있다.)

그러나 자신을 규정하고 있는 물질을 벗어버리는 것은

결코 사멸이 아니다.

∞

그것은 궁극적으로 거듭되는
생명의 관문 중 하나를 통과하는 것에 지나지 않는다.
마치 뱀이 허물을 벗고 새 몸을 입는 것처럼 말이다.
(당신이 특정한 신화적 계승에 의해
뱀을 저주와 죽음의 상징으로 알고 있다면
그것은 이 생물을 반쯤 알고 있는 것이다.
뱀은 허물을 벗는 속성에 의해
죽음과 재생을 동시에 의미한다는 것을
편견 없는 사람들은 이미 알고 있다.
그리고 이러한 속성은 지구 인류에게 시사하는 바가 크다.)

당신은 의복혁명과 오라 그리고 예술과 종교가 맞물리는 상황을
어떻게 이해했는가.
20세기의 호모 사피엔스들은
이 옷이 일종의 통제기구로 이용될 수 있다고 생각하고
거부감을 가질 수도 있다.
그러나 25세기의 호모 사피엔스와 호모 아라핫투스들의 정신은
이 옷을 거부하지 않았다.
거부할 이유가 없었던 것이다.

∞

오라가 나쁜 빛을 발하는 상황이 극히 드물 만큼
거의 모든 사람들이 진실을 원하고 사랑했기 때문이다.

예술이 곧 종교인 시대라는 말을 납득할 수 있는가.
예술이 강한 개성의 산물이자 세계를 해석하는 방법론일 때가 있었다.
당신이 살고 있는 세기가 그럴 것이다.
이때는 예술이 사회를 비추는 투명한 거울로 기능했는가 하면,
새로운 출구를 찾고자 하는 끊임없는 일탈의 방법으로 시도되었다.
이러한 예술은
자유의 확대가 인류 역사의 지향점이었을 때 나타난 것이다.
그러나 모든 인간들이 합일과 일체로 나아가는
21세기 이후의 역사에서는
예술의 개념 역시 달라질 수밖에 없었다.
예술이란 인간의 감정 표현에서 비롯되지만
어떤 형태로 나타나든 사회적 산물이기 때문이다.
예술이 사회의 거울이었기에 예술이 종교에 충실히 봉사하거나
반대로 종교를 조롱하는 것으로 나타났던 시기가 있었다.
하지만 예술은 그것이 창조행위일 때 성립된다.

8

그리고 인간을 혹은 인간형을 새롭게 창조하는 행위보다
뛰어난 예술은 없다.
25세기에 예술가가 곧 종교인이 될 수밖에 없었던 이유가
바로 거기 있었다.

26세기
The twenty-sixth Century

—

은하력 100000401년

은하연맹에 편입된 지구는 더 이상 지구 중심의 시간체계를 사용할 수 없었다. 시간과 은하 연맹의 역사를 연구하는 크로놀로지스트들이 존경을 받는다.

26세기는 그때까지 사용해오던 시스템의 날짜와 시간체계들을 모두 폐기처분하는 일로 시작되었다.

은하계의 한 시민으로서 지구의 연대를 서기 2500년이라는 방식으로 표현한다는 것이 당시의 실정과 맞지 않았던 것이다. 우선 태양계 내에서의 하루라는 시간은 각 행성마다 모두 달랐다. 뛰어난 시스템의 계산능력으로 얼마든지 조정하고 통합할 수가 있었기 때문에 그 정도의 차이는 별로 문제가 되지 않았다. 그러나 우리 태양계를 벗어난 인근의 다른 행성계에 존재하는 제2지구의 시간대까지도 제1지구 상에 있는 시스템의 시간체계에 맞춘다는 것은 결코 쉬운 일이 아니었다.

다른 행성계는 이미 우리의 태양을 기준으로 하는 시간체계를 사용하고 있지 않았기 때문에 1년의 길이나 한 달의 길이도 모두 달라서 아예 날짜 개념을 쓸 수가 없었다. 또한 그런 태양계가 여러 개일 때 그 모든 행성의 시간 개념을 통일시킨다는 것은 당시의 관점으로서는 그야말로 거의 불가능한 일이 아닐 수 없었다.

21세기의 수학체계였다면 그에 맞추어 프로그램을 짠다는 것이 불가능할 뿐 아니라 그런 상황을 이해하기조차 어려웠을 것이다. 다행히도 세기가 바뀌어 그 차원이 달라질 때마다 그에 맞는 차원의 학문이 등장하여 그때그때마다 시스템의 시간체계를 통일시켜줄 수 있었다. 새로운 학문들의 도움으로 시스템은 시간체계의 변환 차수를 거듭하면서 새롭게 정비되어 나갔다.

그러나 26세기에 들어서면서부터는 행성개발의 범위가 확대됨에 따라 도저히 극복할 수 없는 시간체계의 장벽에 부딪히게 되었다. 따라서 완전히 새로운 차원의 시간체계 및 연대체계를 구축해야 했다.

나중에 자세히 설명하겠지만 26세기는 지구상에서 만들어진 시스템이 종말을 고하는 세기이며 은하연맹과 직접적인 관계를 맺은 세기이므로 2501년을 기준으로 새로운 연식을 쓰게 되었다.

2501년은 지구정부 즉 가이아 킹덤이 은하연맹에 가입한 지 91년이 되던 해였으므로 가이아력 91년으로 상정하고 그것을 은하연맹에 통고했다. 그리고 2501년은 우리 성단그룹의 연대로 따지자면 은하연맹으로부터 라이라좌(거문고좌) 베가성에 휴머노이드가 처음 정착한 지 1015만 6417년이 되는 해로서 성단력 10156417년이 되는 해였다.

은하계에 지적 생명체가 처음 육체를 입고 출현한 때를 기준으로 하자면 1억 4백 년이 지났으므로 은하력으로는 100000401년이 되었다. 물론 이러한 계산법은 우리 성단그룹의 지도부에서 지구식으로 계산해준 연대일 뿐 그것이 은하계 전체에 적용되는 연대가 될 수는 없었다. 2501년, 지구의 인류는 시스템에 연대변환작업 프로그램을 입력했다.

따라서 모든 공적인 정보자료에는 이 세 가지 연대가 동시에 표기되기 시작했다. 그러나 이것은 어디까지나 지구 및 제2지구, 즉 지구인이 거주하는 행성에서만 공용되는 시간대의 기준에 지나지 않았다.

은하연맹에서 사용하는 시간체계 및 연대계산법은 빛의 속도를 기준으로 광초를 최소단위의 거리로 계산하고 은하계의 중심을 기준으로 각 성단들이 1회 공전하는 주기를 나누어 절대시간으로 나누었다.

재미있는 사실은 은하계의 중심을 기준으로 12개의 각 성단그룹지역의 공전주기가 모두 같다는 점이다. 1회 공전하는 주기를 1칼파라고 불렀으며 그것은 지구의 시간으로 계산하면 56만 년 정도가 되는 시간이었다. 우주를 항해하는 모든 우주선에는 편의상 광시계란 것이 있었는데 그것은 빛이 광시계 내부의 원기둥 안을 규칙적으로 반사하고 있는 상태에서 빛이 그 내부를 1회 왕복하는 데 걸리는 시간을 1초라고 정한 것이었다. 그 시간개념은 오직 우주선 안에서만 사용할 수 있는 것이었다. 정지한 상태의 시점에서 1초는 운동하고 있는 시점에서의 1초보다 훨씬 빨리 지나가기 때문이었다.

우주를 항해할 때는 거리 계산뿐 아니라 시간의 좌표도 무척 중요했다. 은하계 내부에 있는, 소위 웜홀이라 부르는 타임터널을 통과해서 운행할 때는 시간의 좌표가 가장 중요한 요소였기 때문이다. 이러한 우주시간 체계는 이전의 지구에서 사용된 것과 완전히 다른 개념이어서 지구에 그대로 적용하기란 불가능했다.

지구인 역시 그 시간개념을 이해하고 적용하기란 쉽지 않은 일이어서 그런 일을 연구하는 사람들은 특별 훈련을 받은 호모 아라핫투스들 중에서 선출되었다. 그들을 특별히 연대관, 즉 크로놀로지스트라고 불렀는데 그것은 그들의 직업적 특성을 높이 평가해서 붙인 명칭이었다. 크로놀로지스트들은 연도수 계산뿐 아니라 또 한 가지 중요한 일을 하고 있었는데 그것은 은하연맹의 휴머노이드계에 대한 역사를 공부하는 일이었다.

그 역사는 너무나 길고 분량이 방대해서 보통 사람으로서는 도저히 소화해낼 수 없었다. 따라서 지금은 물론 당시(26세기)에도 역사학자들은 모두 아라핫투스들로 구성되어 있었다. 모든 역사학자들은 역사학자이자 동시에 크로놀로지스트들이었다.

후천성 시스템 처리능력 결핍증

새로운 차원의 과학이 도입되면서 시스템이 무용해졌다. 시스템과의 접속을 끊어버린 사피엔스들은 새로운 환경에 적응할 수 없었다. 서서히 종의 변화가 이루어졌다.

마침내 6차원 과학 즉 헥사고닉스의 시대로 접어들었다. 인류는 이미 25세기 후반부터 펜타고닉스의 응용을 통해 우리 은하계 내부를 여행하고 있었다.

26세기부터는 은하연맹의 도움으로 헥사고닉스를 받아들였는데 그것은 우리 은하계와 다른 은하계 사이에 존재하는 타임터널을 이용하여 다른 은하계와 왕래할 수 있는 체계였다.

하지만 당시로선 이러한 복잡한 타임채널을 지구상에 있는 시스템에 연결시키는 것 자체가 불가능했다. 결국 이것에 대한 대안으로는 기계로 이루어진 시스템을 버리고 생체두뇌의 힘을 빌리는 방법밖에 없었다. 이미 오래전부터 은하연맹에서는 이 생체두뇌, 다시 말해 휴머노이드 시스템인 멘타트를 사용해오고 있었다. 사실 인간의 두뇌와 시스템을 같은 크기와 용량으로 한정시켜 비교한다면 25세기의 고도로 발달된 기계문명으로도 인간의 두뇌를 따라잡을 수가 없었다.

인간의 두뇌는 잠재능력까지 모두 발현시킨다고 볼 때 아직도 상상할 수 없을 정도의 능력이 내재되어 있다. 반면에 컴퓨터는, 그리고 그것으로 이루어진 시스템이란 결국 2분법적 논리체계가 발전된 것이다. 플러스와 마이너스의 두 가지 전기 에너지로 작동하는 시스템은 그 특성상 이분법적 논리를 초월할 수 없었다.

인간 두뇌의 잠재력이 개발될수록 인간의 두뇌와 시스템을 연결해주는 바이오칩 사이에는 빈번한 불균형이 야기되었고 급기야 그것은 새로운 질병의 원인이 되었다. 그 질병은 인간과 시스템 모두에게 타격을 주었으며, 그 질병을 극복하기 위한 유일한 방법은 인간의 두뇌에서 바이오칩을 제거하는 것이었다.

두뇌에서 바이오칩을 제거한 후 인간은 그 결과에 대해 곧 적응했지만 시스템에 생기는 후유증은 심각했다. 인간이 시스템에 의존하는 것 이상으로 시스템 역시 인간의 두뇌에 의존하고 있었기 때문이다.

시스템이 혼란을 일으키면 그것을 수습하는 일은 두뇌의 혼란을 수습하는 것만큼 쉽지가 않았다. 마치 20세기와 21세기 초반에 인류가 겪었던 가장 심각한 질병인 후천성 면역 결핍증과 비슷한 것으로 굳이 이름을 붙이자면 후천성 시스템 처리능력 결핍증이라 할 수 있었다. 인간과 시스템이 동시에 감당해야 했던 심각한 질병 현상이었던 것이다.

25세기부터 일상생활의 여러 가지 단순한 일처리는 안드로이드를 통해 해결했지만 인류 전체의 공공생활에 관련된 공적인 일들은 여전히 시스템에 의존하고 있었기 때문에 시스템에 한 번씩 문제가 생길 때마다 사회는 큰 혼란을 겪어야 했다. 이러한 혼란은 결국 지구와 제2의 지구들과의 연결체계에 커다란 문제점을 일으키게 되었는데 그것 때문에라도 제2의 지구들에 정치적 독립을 인정하지 않을 수가 없게 되었다.

이런 문제는 26세기에 성단력이나 은하력을 함께 사용하면서부터 더 크게 확대되어 나갔다. 결국 이 문제는 26세기 후반에 발생한 외계 기계문명과의 충돌로 인해 본격적으로 확대되었고 마침내는 26세기 말 시스템 전체를 폐쇄시키는 대사건으로까지 연결되었다.

25세기 후반부터 연구되기 시작한 5차원 과학인 펜타고닉스는 호모 사피엔스 즉 구세대 지구인들의 대뇌능력으로는 이해하기가 불가능했다. 당시 사회는 이미 펜타고닉스를 완전히 소화하고 그것을 생

활에 응용하는 실정이었지만 그것은 전적으로 아라핫투스들의 능력
과 시스템의 결합 덕분에 가능했던 것이다.

사회는 자연스럽게 두 가지 계층으로 뚜렷이 구분되었다. 사회의
전반적인 운용에 관한 중요한 일들은 모두 아라핫투스들의 몫이었고
사피엔스들은 단지 그 열매를 따 먹는 입장에 지나지 않았다. 따라서
크게는 지방도시에서부터 작게는 일반 가족단위의 공동체에 이르기
까지 자신들의 집단 내에서 될 수 있는 한 많은 아라핫투스들이 태어
나기를 기대했으며 그 기대는 26세기가 되어서도 줄어들지 않았다.

25세기 중반에 시작된 인류의 자연회귀운동의 영향인지는 확실하
지 않지만 그 무렵 특이한 현상이 일어났다. 아라핫투스들이 완전한
생식력을 얻게 된 것이었다. 아라핫투스들이 생식력을 얻게 되자 인
공수정을 할 때 아라핫투스들의 정자와 난자만 이용되었다.

26세기에 태어난 신생아들은 대부분 아라핫투스들이었고 자연히
그들의 인구 비중이 급작스럽게 늘어났다. 26세기 중반에는 전체 인
구의 3분의 1이 아라핫투스들로 대체되었다. 아라핫투스들은 6차원
과학인 헥사고닉스를 제대로 이해하고 응용할 수 있었다. 외견상으로
사피엔스와 아라핫투스 사이에는 차이가 없었다. 그러나 대뇌의 활용
도를 비교하면 양자간에는 엄청난 격차가 있었다.

아라핫투스들은 사피엔스들보다 대뇌 사용률이 높았다. 심리적 특
성에서도 사피엔스들은 개체성이 강했던 것에 반해서 아라핫투스들
은 전체성이 강해서 사피엔스들보다 훨씬 강력한 사회적 연대의식을
갖고 있었다.

아라핫투스들은 이전의 지구인들로서는 상상할 수 없을 정도로 이

174

타적이었고 따라서 그들에게서 이기적인 성향을 찾기란 거의 불가능할 정도였던 것이다. 아라핫투스들의 능력이 그처럼 뛰어남에도 불구하고 사피엔스들과 어울려 사회를 이끌어올 수 있었던 것도 바로 이러한 성향 때문이었다.

지난 세기까지 사피엔스들이 그나마 사회의 한 구성원으로서 제 역할을 해낼 수 있었던 것은 바이오칩을 이용한 시스템과의 연결 때문이었다. 그러나 2510년 처음으로 나타나기 시작한 후천성 시스템 처리 능력 결핍증 때문에 26세기 중반부터는 두뇌와 시스템을 바로 연결시킬 수 없었으며 사피엔스들은 도저히 그 사회의 문명발달 수준을 따라갈 수가 없었다.

그 결과 그들은 점점 더 레저활동이나 예술활동 등에 몰두할 뿐 어떠한 중요한 의사결정에도 참여할 수 없게 되었다. 그들은 마치 벌의 사회에서 수벌들처럼 무위도식을 하는 존재들이 되어갔다.

사회를 이끌어나가는 데 하등의 도움이 되지 못한다는 자각과 자신들의 후손이 더 이상 태어나지 않는 사회적 분위기가 어우러져 그들은 결국 삶에 대해 소극적이고 수동적인 태도를 지닐 수밖에 없었다. 그들에게 사회제도란 단지 자신들을 먹여 살려주는 사회보장제도 이상의 그 무엇도 아니었다.

인류는 자연스럽게 그 종의 변화와 대체를 이루어가게 되었다. 좀 더 신랄하게 표현한다면 사피엔스들은 멸종 선상에 놓인 생물체들이었던 것이다. 하지만 사피엔스들을 보호하고 그 수를 늘리자는 주장은 어디에서도 일어나지 않았다. 이러한 현상은 적자생존이라는 오래된 생물학이론에 조금도 틀리지 않고 그대로 적용되었던 것이다.

후천성 시스템 처리능력 결핍증이 처음 발생한 때부터 10년이 지난 2520년대부터 바이오칩을 사용하던 거의 모든 사람들에게 이 질환이 번지기 시작했고 결국 그들의 뇌 속에서 바이오칩을 제거할 수밖에 없었다. 사람들은 시스템과 연결될 때 상당히 고전적인 방법, 즉 언어나 키보드로 접속하는 방식을 다시 선택할 수밖에 없었다. 언어와 키보드를 사용할 때의 효율성은 이전과는 비교할 수 없을 정도로 낮았다. 바이오칩을 제거한 사피엔스들은 이제 새로운 환경에 적응하여 생활하기 위해 정신 영역의 문제는 아라핫투스들에게, 육체를 이용하는 노동의 문제는 안드로이드들에게 더욱 의존할 수밖에 없었다. 사피엔스들에게는 그렇게 변해버린 현실을 돌파할 저력이 남아 있지 않았다. 유일한 환각제였던 스파이마마저도 더 이상 공급을 받을 수 없는 상황이었던 것이다. 그들에게는 신앙생활과 대중예술에 빠져드는 것만이 유일한 도피처가 되었다.

비이스트 시스템의 침공

우주개척에 열을 올리던 인류는 새로운 외계 문명체 비이스트 시스템과 마주친다. 위기에 빠진 지구를 악마군단이 돕지만 위기는 계속된다.

2530년대에는 지구와 관련하여 은하계의 역사적인 대사건이 일어났다. 지구인들이 우주탐사 및 행성개척을 위해 은하계 외곽지역에 나갔다가 거기서 은하연맹에 가입되지 않은 외계문명과 맞닥뜨린 것이다. 그 외계문명이란 앞에서도 미리 언급한 바가 있는 비이스트 시스템, 즉 기계문명이었다.

　나중에 밝혀진 일이지만 그들은 목동좌에 있는 아르크투스 항성계 근처에 있는 타임터널을 통해 다른 은하단의 은하계에서 비밀리에 침투해온 문명이었다.

　그것들의 궁극적인 침투 목적은 은하계 점령이었으며 은하연맹과 거리가 먼 은하계 외곽지역부터 점령해 들어오기 시작했다. 그리하여 우주개척에 역점을 두던 인류는 바로 그 지역에서 그들과의 숙명적인 대면을 피할 수 없었던 것이다.

　은하계 외곽의 한 지역에서 우주개척을 하던 탐사선의 승무원 전원이 고도로 발달된 살상무기에 몰살당하는 사건이 발생했다. 이 사건은 곧 은하연맹에 알려졌고 즉각 지구인을 주축으로 한 은하연맹군이 파견되었다. 지구보다 더욱 발달된 문명을 이룬 지성체들도 있었지만 지구인이 주축이 된 이유는 문제의 당사자들 사이에 상호불간섭이라는 은하연맹 대원칙이 적용되었기 때문이다.

　우리 성단그룹의 수도인 트라페지움에서는 군사고문단이 파견되었고 지구인 군단과 안드로이드 돌격대들로 구성된 정벌군이 모집되었다. 최전방의 전투행위는 대부분 안드로이드들이 수행했지만 인류가 타고 있는 우주모선도 여러 번 공격을 당했다. 전투가 가열되면서 양쪽의 전투세력들이 거의 전멸할 정도의 치열한 공방전이 계속되었다. 초기에는 이러한 전투가 은하계 외곽지역에서만 일어났지만 20년이 지난 2550년대에는 지구까지 침공당하는 일이 발생했다.

　비이스트 시스템과의 전쟁에는 많은 수의 사피엔스들이 참여했다.

무료함에 시달리던 사피엔스들이 뭔가 의미 있는 일을 하기 위해 대거 자원입대를 했기 때문이다. 결국 많은 수의 사피엔스들이 그 전쟁에서 목숨을 잃었다.

지금의 역사가들은 이 전쟁을 가리켜 '은하계의 위기'라고 부르는데 그 전투의 치열함이 은하계 역사상 어떤 전쟁보다도 극렬했고 그 규모 역시 몇몇 전쟁에 필적할 만큼 거대했기 때문이다. 2560년대에 들어서면서 지구대접전은 지구인들의 열세로 기울어졌다.

우리 성단그룹의 강력한 요청에 의해 은하연맹 본부에서 구원병들이 급파되었는데 그것은 곧 우리 성단그룹과 이웃한 성단의 안타레스 항성계에서 온 존재들이었다.

나중에 밝혀졌지만 이들 구원병들은 엄밀하게 따지면 100% 자연생명체라고 볼 수 없었다. 그들은 스스로 복제를 통해 그 숫자를 유지하면서 살아가는 고도로 발전된 안드로이드로서 그 모습이 휴머노이드형과는 약간의 차이가 있었다.

고대 은하계의 역사를 살펴보면 그들의 기원에 대해 잘 알 수 있다. 지구에 인류가 탄생하기 훨씬 전에 이미 은하계에서는 치열한 전쟁이 있었다고 한다. '신들의 전쟁'이란 표현으로 지구의 여러 고대 신화에서도 자주 언급되는 이 전쟁은 은하계 전역에 걸친 대전쟁이었는데 이 전쟁의 막바지에 탄생한 전사들이 바로 이 종족들이었다. 전쟁이 끝난 뒤에 은하연맹이 결성되고 더 이상 존재가치가 없어진 이들 종족들에게 자치권과 함께 안타레스 항성계를 정착지로 준 것이다.

그들은 전투능력이나 전술 판단력이 인간보다 훨씬 뛰어났고 뿔과 날개와 꼬리가 있는 모습을 한, 마치 고대 신화나 성서에서 묘사된 악마의 모습과 비슷했다. 하지만 그들은 성서에 나오는 것과는 달리 비이스트 시스템으로부터 인류를 지켜주기 위해 은하연맹에서 오래전부터 준비하고 있었던 지원군이었다.

비이스트 시스템들의 전투단은 지금까지 한 번도 볼 수 없었던 기괴한 형태의 로봇들이었다. 그들은 은하연맹에 한 번도 자신들의 존재를 드러낸 적이 없었기 때문에 그들을 대할 때 사람들은 우선 생소함에서 비롯된 공포를 느껴야 했다. 그들은 지구상에 있었던 어떤 생물과도 닮지 않은 모습이었다.

그것들은 행성의 상공과 우주공간을 자유자재로 비행하면서 뿔처럼 생긴 곳에서 특수한 광선을 발사했다. 그것에 맞은 대상물이 금속일 경우에는 폭발했고 생체일 경우에는 녹아버렸기에 더욱 효과적인 파괴력을 갖고 있었다. 또 하나의 가공할 만한 무기는 그 입에서 토해내는 가스였다. 그것은 일반 물체는 그대로 두고 오직 단백질 생물체만 골라서 파괴했는데, 그 위력은 중성자탄을 방불케했다. 빛과 열과 소리도 없이 다가와 단백질 생물체의 생명을 말려버리는 것이어서 더욱 무서웠다.

안타레스에서 온 지원군들은 그 광선을 맞을 때마다 폭발하지 않고 녹아내려서 그 몸이 생물체라고 추측할 수 있었다. 이들 지원군은 날개를 갖추고 있어서 자유로운 비행이 가능했지만 원거리를 이동할 때에는 우주선을 타고 다녔다.

2560년 이후로 태양계 내부와 인근에 있던 제2지구들은 격전의 장

소로 변했다. 그리고 그로부터 10년 뒤엔 화성을 제외한 9개의 제2지
구들은 격렬한 전투로 인하여 폐허처럼 변했다.

지구인들이 적에 비해 덜 발달된 무기체계와 전투능력으로도 10년
간을 버틸 수 있었던 것은 어디까지나 이들 악마군단 지원군 덕분이
었다. 결국 2570년 화성과 목성 사이에 존재하는 최후의 지구 방위
마지노선이라고 불리던 인공행성마저 파손되고 점령당했을 때 지구와
화성은 그야말로 고립무원으로 포위된 상태가 되었다.

호모 사피엔스, 멸종되다

호모 아라핫투스가 이끌어낸 합일의 힘 '빛의 에너지'가 비이스트 시스템을 격퇴시켰다. 인
류는 이제 은하연맹의 영웅이 되었으며 호모 사피엔스는 자연스럽게 사라져갔다.

성단그룹이나 은하연맹으로부터 제공되던 모든 보급선이 차단되었
고 지구와 화성에 거주하던 인류는 절체절명의 위기에 빠졌다.

바로 그때 기적 같은 일이 일어났다.

화성과 목성 궤도 사이에 있는 소행성들이 갑자기 운석 미사일로
돌변하여 지구와 화성을 포위하고 있던 비이스트 시스템의 우주모선
과 전함들 그리고 인공행성의 후미를 덮쳤던 것이다. 그 결과 비이스
트 시스템이 이끌던 모든 우주선의 동력장치가 치명타를 입게 되었
다.

그와 동시에 그것들은 마치 태양의 강한 인력에 이끌리듯 태양을

향해 돌진했고 그 속으로 빨려 들어가 완전히 소멸돼버렸다. 어떻게 해서 그런 일이 급작스럽게 벌어졌는지는 430여 년이 지난 지금도 명확하게 설명할 수는 없다.

한 가지 확실한 것은 지구상에 남아 있던 호모 아라핫투스들이 일심동체가 되어 사이코 텔레시스라는 일종의 염동현상 초능력을 발휘했던 것이다.

너무나 돌발적인 현상이었기에 오랜 옛날 화성과 목성 사이에 있던 행성이 파괴되어 소행성 띠를 형성하게 되었던 것도 이때의 사건을 위해 미리 예비된 절차였다는 확신을 줄 정도였다. 지금 우리는 이 우주에는 돌 한 조각 풀 한 포기도 무의미하게 존재하지 않는다는 것을 믿음과 동시에 사실로서 알고 있다.

아라핫투스들이 초능력을 발휘할 때의 모습을 본 당시 사람들의 기록에 의하면 지구와 화성에 남아 있던 모든 아라핫투스들은 일제히 상공을 향해 두 팔을 벌리고 정신집중에 들어갔다고 한다. 그러자 그들의 머리 위로 각자의 에너지가 마치 거대한 빛줄기처럼 이어졌으며 그것이 하늘을 향해 일제히 치솟자 삽시간에 화성과 지구의 에너지가 한데 어우러진 다음 소행성의 궤도로 곧바로 날아갔다.

소행성 궤도로 진입한 에너지는 모든 소행성들로 하여금 자체 진동을 일으키게 한 다음 곧바로 비이스트 시스템의 동력선으로 돌진시켰던 것이다.

마치 이전 시대에 유행했던 3차원공간 홀로그램 영화의 한 장면과 같은 빛의 대파노라마 그 자체였다. 또한 그것은 한 존재와 한 존재가 진정으로 힘을 합친다면 그 힘이 이 우주에 얼마만큼 큰 현상으로 작용할 수 있는지를 단적으로 보여준 예가 되었다.

호모 아라핫투스가 아무리 호모 사피엔스보다 더 진화된 인종이라고 하지만 일단 모든 유전자 구조가 다르지 않다는 관점에서 볼 때 그저 놀라울 따름이었다. 대뇌의 15% 정도만 이용할 수 있어도 그 능력이 서로 합쳐졌을 때는 그런 엄청난 힘이 된다는 것을 절체절명의 시기에 보여준 사건이었다.

전쟁은 여기에서 끝나지 않았다. 호모 아라핫투스들은 즉시 우리 은하계 외곽에 숨어 있던 적의 모든 잔당들을 하나하나 찾아다니며 합일에서 발생하는 에너지의 불꽃으로 그들을 완전히 소멸시켜 버렸다. 그리하여 종국에 우리 은하계 내부에는 비이스트 시스템의 잔존 세력들이 하나도 남지 않고 멸절되었다.

이 일을 모두 마치고 2590년, 호모 아라핫투스 중에서 선발된 전사들은 고향 행성인 지구와 화성으로 돌아가 사람들로부터 성대한 환영식을 맞게 되었다.

환영식에는 은하연맹에 소속되어 있는 모든 생물지성체의 대표들이 참석하여 갖가지 놀라운 장면들을 연출했다. 또한 그때까지 살아남았던 모든 사피엔스들은 자신들의 두뇌가 긴 잠에서 깨어나는 것을 느낄 수 있었다. 그들의 대뇌는 긴 잠에서 깨어나듯 잠재력이 발휘되어 두뇌 사용도가 이전의 두 배 이상 급작스럽게 향상되었다.

마침내 그들 역시 아라핫투스와 다름없는 존재가 되는 현상이 벌어졌던 것이다. 그날 이후 순수한 사피엔스들을 찾아보기란 거의 불가능하게 되었다.

다음 세기인 27세기에는 지구에 남아 있던 인류 전체가 새로운 전기를 맞았을 뿐 아니라 당당히 은하연맹의 영웅이자 희망의 상징으로 여겨졌다. 전 은하연맹에서 호모 아라핫투스라는 휴머노이드 생물지성체를 연구하는 것이 하나의 유행처럼 퍼져나가게 된 것이다.

그리고 아라핫투스들 가운데 가장 능력이 뛰어난 24명의 원로들은 아예 그 거처를 우주연맹의 수도가 있는 곳으로 옮겨 우리의 성단그룹을 대표하는 지도자급의 존재가 되었다. 그들이 지도자가 되는 데에는 아무런 반대도 없었다. 성단그룹 의회에서 이 사안이 만장일치로 통과되었던 것이다.

그들 24명의 아라핫투스들은 288명으로 구성된 은하연맹 평의회 의원들이 되었다. 12개의 성단그룹은 각각 24명의 원로들로 대표되었고 그들이 곧 은하연맹 평의회를 구성하고 있었던 것이다.

이와 동시에 지구는 우리 성단그룹의 새로운 종교문화의 중심지가 되었다. 그 이유는 우주연맹의 종교인 유니버설 릴리전(우주교)의 교리를 하나의 실증으로 구체화시킨 앞의 사건 때문이었다. 그것은 그야말로 합일의 위력을 여실히 보여준 실례가 된 것이다. 은하계 곳곳의 종족들이 이 문화를 배우기 위해 유학생을 파견하는 일도 수없이 많이 일어났다.

시스템을 폐기하고 땅으로 돌아가다

비이스트 시스템과의 전쟁 이후 인류는 500년간 의존해왔던 시스템을 폐기했다. 인류는 땅
의 소중함을 다시 깨닫게 되었으며 이로써 잃었던 생식능력도 되찾게 되었다.

2590년대에 또 한 가지 특기할 만한 사건이 있다면 그것은 우리 은
하계와 다른 은하계 사이를 연결해주는 타임터널의 위치가 확인된 일
이다. 그때까지만 해도 지구인들은 은하계 사이의 이동을 이론적으로
만 알고 있었을 뿐 실제로 그 타임터널의 위치나 구체적인 여행경로는
모르고 있었다.

그것은 비이스트 시스템이 우리 은하계로 들어온 통로를 역추적해
나가는 과정에서 밝혀졌는데 지구에서 보면 목동좌 별자리의 아르크
투스 항성계 근처에 위치하고 있었다.

우리 은하계는 그 타임터널을 통해 위성은하인 대마젤란과 소마젤
란 성운은 물론이고 멀리는 안드로메다 은하계와도 직접적으로 연결
되어 있었다.

또한 우리 은하계와 안드로메다 은하계 사이의 한 지점(소마젤란
성운 근처)에 그것이 지금까지 밝혀진 블랙홀과는 또 다른 하나의 홀
이 있음이 밝혀졌는데 은하단과 은하단을 연결해주는 터널이었다. 그
것은 편의상 우르그레이홀로 명명되었다.

이론상으로는 우주선이 광속 이상으로 항해할 경우 우주선 내의
시간은 천천히 경과하게 되어 십수년이 지나면 다른 은하계로 갈 수
있다고 했다. 하지만 그들이 우주여행을 마치고 다시 출발지로 되돌
아왔을 때는 동시대의 출발지와 만날 수가 없었다. 시간차로 인해 미

래의 출발지와 만나게 되는 것이었다.

출발지역에서 보자면 그 우주선과는 통신이 두절되고 결국에는 잃어버린 우주선이 되어버리고 만다. 하지만 타임터널, 다시 말해 웜홀을 통해 우주여행을 하면 이런 상황을 피할 수 있게 되는 것이다.

돌이켜보면 26세기는 외계(외은하계)문명과의 전쟁으로 보내버린 기간이었다. 이 시기에 일어난 가장 중요한 사건이 있다면 그것은 인류가 500년 동안이나 삶을 의존해왔던 시스템을 파괴해버렸다는 사실이다.

그 이유는 후천성 시스템 처리능력 결핍증과 같은 사이버 바이러스적 질병 때문만이 아니었다. 그러한 질병도 인류가 고치려고 마음먹었다면 얼마든지 고칠 수 있었을 것이다. 그러나 인류는 시스템의 작동을 정지시켜버렸다.

인류의 존망을 위협했던 비이스트 시스템 역시 시스템 스스로 발전한 기계였기 때문이다. 인류가 시스템에 의존해 있다면 그것은 곧 인류 내부에 적을 키우고 있다는 것과 일맥상통하는 의미였다.

그런 이유로 인류는 시스템을 폐기하고 다시 20세기 말의 수준으로 되돌아갔다. 컴퓨터 간의 연계를 끊어버리고 그 사용도를 퍼스널 컴퓨터의 수준으로 돌이킨 것이다. 물론 퍼스널 컴퓨터의 능력은 20세기의 그것과는 비교할 수 없을 정도로 발달되어 있었지만 호스트 컴퓨터에 의한 중앙집중식 체계는 더 이상 존재하지 않게 된 것이다.

시스템에 의한 안드로이드 자체 생산 역시 그 가동을 멈추게 되었다. 안타레스에서 파견된 지원군 역시 고도로 발달된 일종의 안드로이드였기 때문에 안드로이드의 끝없는 발전 역시 인류 생존에 어떠한 영향을 미칠지 알 수 없다는 결론을 내린 것이었다.

한편 이 전쟁에서 살아남은 지원군 역시 자신들의 고향별인 안타레스로 되돌아갔다. 전쟁이 사라진 평화시대에 전사란 아무런 존재 가치가 없기 때문이었다. 그와 함께 각종 무기를 포함한 모든 전쟁도구들도 폐기처분했다. 어떤 무기보다도 강력한 무기, 즉 일심동체에서 나오는 초능력을 보유하게 되었기 때문이다. 무기란 그 자체가 발전할수록 그것을 소유한 존재들을 점점 더 나약하게 만든다는 사실도 더불어 알게 되었다. 궁극적인 무기를 가진 자는 궁극적으로 나약해진다는 것이었다. 무기와 그것을 보유한 존재가 분리되기 때문이었다.

'그날에 칼을 쳐서 보습을 만들고 창을 녹여 가래를 만들 것'이라는 고대 예언가의 말이 그대로 이루어졌던 것이다.

26세기의 마지막 10년 동안에는 전과는 비교할 수 없을 정도로 급격한 사회적 변화가 일어났다. 사실 인류의 역사에서 26세기처럼 인류가 하나로 화합된 경우는 한 번도 없었다. 외계로부터 침입해온 공동의 적을 맞이해 싸우면서 인류는 그동안 잊고 있던 뜨거운 인류애를 느끼게 되었던 것이다.

인류는 더 이상 개체들의 단순한 집합이 아니었다. 인류는 그 자체로 하나의 유기체였으며 인간 개인은 그 유기체의 한 세포였다는 사실을 자각한 것이다.

한 세포의 고통은 곧 몸 전체의 고통임을 이론이 아닌 실제로서 느끼게 되었다. 그리고 외부로부터 오는 환난은 그 모든 세포들이 하나

186

로 뭉쳐 대응할 때에만 극복될 수 있음도 알게 되었다.

또한 지구 인류는 은하계에서 유명한 존재가 되었다. 지구 인류를 연구 관찰해오던 몇몇 우주인들은 자신들의 예언서에 나오는 이 특별한 생물체의 잠재능력을 막연하게 예감하고 있었지만 은하계에 존재하던 생명체들은 한 번도 이런 강력한 유대감을 지닌 슈퍼 유기체를 본 적이 없었다. 지구 인류가 지닌 잠재능력을 한마디로 말하자면 합일에 대한 지향과 성취라 할 수 있었다.

집단에 대한 이타심과 공명의식 같은 능력면에서 지구 인간보다 훨씬 뛰어난 다른 휴머노이드라 하더라도 이러한 차원의 합일을 이루어낸 적은 없었다. 여기에서 말하는 지구 인간이란 사피엔스가 아니라 아라핫투스를 말한다. 사피엔스가 극단적인 이기적 성향을 지녔다면 아라핫투스는 정반대의 모습으로 출현한 것이었다.

26세기가 끝나갈 무렵 인류는 생산과 노동에 좀 더 부지런해지게 되었다. 그 전까지 생산에 소용되는 모든 노동을 시스템과 안드로이드들에게 맡겨놓고 레저생활에만 몰두했던 것에 대해 근본적인 각성을 하기 시작했다.

이제 인류는 제 손으로 식물을 재배하고 그것을 먹는 즐거움에 대한 가치를 새삼 인식하게 되었다. 생식력의 복원과 함께 이전에 사라져버린 가족제도도 서서히 부활되기 시작했다. 가정의 소중함을 새롭게 느끼기 시작했던 것이다.

그러나 그 형태는 이전처럼 집단 이기주의적 성향을 지닌 최소단위의 가족과는 그 차원이 달랐다. 그들에게 가족이란 삶의 의미와 봉사의 이유를 설명하는 최소단위로 작용하는 것이었다.

결론적으로 말하자면 26세기는 도구에 대한 과학문명 발달의 마지막 전환점이 된 시기이다. 물질문명의 극에 이르러서야 비로소 인간과 인간 사이에 가장 필요한 것이 무엇인지를 깨달았던 것이다.

인류가 겪은 물질문명의 극은 인류의 멸절을 꾀하는 기계문명과의 전쟁이었다. 그 전쟁에서 살아남게 된 인류는 자신들이 걸어가야 할 노정을 뚜렷이 알게 되었다.

인류는 18세기 산업혁명 이후부터 줄곧 경시되고 사라져가던 전원생활을 약 800년 만에 다시 찾게 되었다. 시스템에 의해 공장에서 생산되던 모든 식량생산 방식을 버렸으며, 식물생산 방식 또한 시험관 속에 담긴 배양액을 이용하던 방식에서 땅에 직접 심는 방식으로 돌아갔다. 땅의 소중함을 알게 된 것이다. 땅은 인간에게서 사라져버렸던 생식력을 되찾게 해주었다.

땅의 선물인 식량 역시 단순한 열량의 집적체가 아니라 다른 어디에서도 찾을 수 없는 우주의 힘이 담겨 있는 것임을 알게 되었다. 인간의 몸은 기계가 아니며 몸의 모태는 어디까지나 흙임을 알게 된 것이다.

8

26세기는, 당신의 기호를 빌려 표현하자면
'판타스틱'하게 전개되었다.
그리고 그 주역은 악마군단의 출현과 비이스트 시스템이다.
먼저 지구 인류가 알고 있었던 '악마'(당신이 그렇게 알고 있어서
그렇게 표기할 수밖에 없는)의 전도된 정체성을 들 수 있다.
지구 서기력 2500년 동안
전 인류를 사멸의 길로 인도하는
사악한 존재로 각인되었던 악마가
결국은 인류를 구원하기 위해 예비된 수호군단이었다니!
그렇다면 그들은 왜 인류를 멸망으로 인도할
사악한 무리로 인식되었던 걸까?

중요한 것은 그들이 인류 이전에 존재했으며,
스스로 복제를 통해 생명을 유지해왔을 만큼
고도의 발달된 생명체임에도
본질은 '안드로이드'이며 인류가 치러야 할 전쟁을 위해
예비된 전사라는 것이다.
인류의 전쟁이 아니면 존재의 가치가 무색해지는 존재,
바꾸어 말하면 전투능력이나 판단력이 인류보다 훨씬 뛰어남에도

∞

인류의 생존에 기생하는 존재인 것이다.
전투하지 않는 악마는 더 이상 악마일 수 없으므로.
아직도 악마가 두렵게 느껴지는가.

비이스트 시스템은
쾌락, 그것도 가상공간 속에서 느끼는 쾌락만이
최고의 가치가 될 때 탄생할 수 있는 최악의 시스템이다.
그리고 비이스트 시스템의 생존 과정은
인간의 통제능력을 기계에 넘겨주었을 때 생길 수 있는
최악의 시나리오다(시나리오라는 말에 유의하라).
최소한 당신은
전능한 기계가 당신의 모든 움직임을 대체해주었으면 하는
갈망을 지닌 사람은 아니라고 생각한다.
그런 사람이라면 이렇게 귀찮고 복잡한 기호 읽기를
계속해나갈 리가 없으니까.

"다음 세기의 여행 후에도 만날 수 있기를 기대하며……"

27세기
The twenty-seventh Century

—

물리학으로 기적을 증명하다

물리학으로 규명하기 어려워 기적이라 부르던 현상들이 증명되었다. 마법과 물리학의 구분

이 사라지고 환상학이 새로이 탄생되었다.

멸망의 위기 속에 26세기를 보내고 난 후 27세기부터 30세기까지의
기간은 지구 인류 역사상 가장 안정된 시대였다고 볼 수 있다.

그것은 외부적인 안정이었으며 인간의 내면은 이전 시대와는 차원
을 달리하는 극심한 변화를 겪게 된다. 21세기부터 26세기 말까지를
과학문명의 발달시기로 본다면 나머지 4세기는 인간의 내면 즉 영체
의 발달에 해당되는 시기라고 보아도 될 것이다.

물론 '영체가 발달한다'는 말은 어폐가 있다. 차라리 잠재되어 있던
영체의 능력이 의식의 표면 위로 발현되었다는 것이 더 정확한 표현일
것이다.

24세기 이후 영체의 비밀이 서서히 드러나기 시작하면서 이와 유사

하게 사용되어온 영혼이란 말은 더 이상 쓰이지 않게 되었다. 영혼이라는 단어에는 불멸성이 내재되어 있기 때문이었다. 영체가 개체성을 띠고 있는 한 육체보다 좀 더 오래 존재할 뿐 불멸하여 영원히 존속되는 것이 아니기 때문이다. 인간의 의식 속에서 영혼에 대한 개념은 서서히 영체의 개념으로 대치되었다.

26세기부터 실용화되기 시작한 헥사고닉스는 은하전쟁으로 인해 한 세기 동안 지구에서 심도 있게 연구되지 못했기 때문에 27세기에는 헥사고닉스를 완전히 이해하고 응용하는 일이 인류에게 가장 큰 과제가 되었다. 헥사고닉스, 즉 6차원공학을 이해하지 못하면서 7차원공학인 헵타고닉스를 연구할 수는 없기 때문이었다.

당시 우리 은하계에는 헵타고닉스의 차원을 넘어서는 학문은 존재할 수 없었다. 헵타고닉스는 혼백(아스트랄체)과 정신(멘탈체)을 연구하는 학문이기 때문이다. 이것을 제대로 이해하기 위해서는 물질과학의 마지막 단계라 할 수 있는 헥사고닉스를 완전히 섭렵해야 했다.

헥사고닉스는 단순한 물리학이 아니며 물질에 정신이 개입되어 일어나는 물질변화로서의 학문을 말하는 것이다.

이런 의미에서 볼 때 헥사고닉스를 20세기 언어로 표현하자면 마법학이나 기적학이라고 부를 수 있을 것이다. '정신이 개입되어 물질변화에 영향을 끼치는 학문'이란 정의가 27세기에 처음 등장한 것은 아니었다.

그것은 이미 20세기 중반에 양자역학이라는 학문에서 중심적인 주제로서 인류에게 소개된 적이 있었다. 하지만 당시에는 단지 정신이 물질변화에 영향을 끼칠 수 있다는 사실만을 확인했을 뿐 그것이 어떤 방식으로 작용하는지에 대해서는 모르고 있었다. 따라서 20세기에는 마법은 여전히 마법이었으며 물리학은 물리학으로 분리되어 존재했다.

마법과 물리학의 두 영역 사이에 존재하는 높은 담은 오랜 시간 동안 한 치도 허물어뜨릴 수 없었다. 하지만 27세기에 와서 은하연맹의 도움으로 헥사고닉스를 본격적으로 연구하던 인류는 드디어 그 담을 완전히 허물어버렸다. 마법과 물리학을 하나로 통일시켜버린 것이다. 물리학에 맞지 않는 현상을 기적이라고 불렀다면 헥사고닉스는 기적을 물리학으로 증명할 수 있게 만든 것이었다.

헥사고닉스는 자기 한계를 스스로 극복한 학문이라 할 수 있으며, 이것은 여러 가지 잡다한 명칭보다는 환상학이라는 한 단어로 결론지을 수 있었다.

예로부터 우리 은하계뿐 아니라 우리 은하계와 인접한 몇 개의 은하가 합쳐진 국소은하군에서는 물질을 환영(Maya)이라고 불러왔다.

환상학은 정신과 혼백을 다루는 비환영, 즉 실재의 학문인 헵타고닉스에 대비되는 것이며 7차원공학은 실재학 혹은 비환영학이라고 할 수 있다. 따라서 헥사고닉스(6차원)와 헵타고닉스(7차원)는 상대적이자 상호보완적인 위치에 있는 학문이다.

당시 지구인들의 의식 수준은 둘 중 한 가지 학문만으로도 사물의 이치나 우주의 원리를 논리적으로 설명해낼 수 있을 정도였다. 그것은 어디까지나 상대적인 차원에 관해서일 뿐이었다. 그때까지도 다중차원의 우주를 인식하지 못했기 때문이다.

수학적 입장에서 볼 때 하나의 차원에서만 바라본다면 상대편이

허수의 세계처럼 보인다. 물질의 입장에서 보자면 정신의 세계는 가상현실의 세계이며 반대로 정신의 입장에서 보자면 물질, 즉 시공간이 하나의 가상현실인 것이다. 어떤 입장에서 보는가 하는 관점의 차원은 서로 상대적이기 때문이다.

영체란 엄밀히 말하자면 일종의 에너지체로서 물질에 속한다. 단지 그 파동의 스케일이 눈에 보이고 손에 만져지는 물질과 다를 뿐이다. 그리고 영체는 물질과 비물질인 정신을 서로 이어주는 연결체이다.

그때까지도 정신과 물질을 하나의 차원으로 통일시켜 다루었던 학문은 없었다. 만약 그것이 밝혀졌다면 우리 은하계의 유일한 통일종교인 우주교도 더 이상 종교의 성격을 유지하지 못했을 것이다.

만약 그 당시에 8차원공학까지 도달할 수 있었다면 당시에도 정신과 물질을 하나의 차원에서 이해할 수 있었을지 모른다. 하지만 우리 은하계가 속한 국소은하군에서는 아직 8차원의 학문까지는 발전하지 못하고 있었다.

8차원공학은 29세기 후반에 들어서야 비로소 인접한 은하계의 도움으로 지구 인류를 통해 우리 은하계에 처음 소개되었다. 어쩌면 은하연맹에서는 우리 인류에게 그런 기대를 걸고 지구의 모든 문명을 키우며 지켜보고 있었는지도 모른다.

31세기에 밝혀진 일이지만 지구는 단지 하나의 성단에 속한 수많은 별 가운데 하나가 아니었다. 지구는 은하연맹으로부터 큰 기대와 관심을 받고 있는 별이었으며 은하연맹은 뚜렷한 목적을 갖고 인류를 태어나게 했던 것이다.

인류의 탄생이라는 부분만큼은 자연적 진화 과정에 맡기지 않고 생물체에 인위적인 방법을 적용시켜 급격한 진화를 꾀했던 것이다. 그렇기 때문에 초기의 진화론으로는 인류의 출현을 명확하게 설명할 수 없는 부분이 너무 많았던 것이다.

지구에 생물체가 이식된 이후 35억 년이라는 장구한 세월이 흘렀고 그중 마지막 100만 년이란 아주 짧은 시기에 인류라 할 수 있는 새로운 종이 탄생되었다. 더구나 호모 사피엔스라고 부르는 인류가 출현하고 그 육체에 영혼이 실려서 문화를 만들어내는 데까지는 5만 년의 세월도 채 되지 않았다.

뛰어난 잠재적 두뇌를 가진 생물체가 그토록 짧은 시기에 자연적 진화를 통해 나온 것은 은하계에 그러한 선례가 없을 정도로 돌발적인 현상이었다. 다시 말해 지구의 인류는 그만큼 갑작스럽게 이식된 생명체였기 때문에 21세기의 원시과학자들 중 진화론을 깊이 연구한 결과 창조론을 믿게 된 사람들도 많았던 것이다. 그리고 그들의 믿음은 그다지 빗나간 것이 아니었다.

지금도 우리 은하계의 중심인 은하연맹에서는 우리가 속한 은하계와 비슷한 크기의 은하계가 수천 개 모여서 이루는 은하단의 중심부를 찾으려는 노력을 계속하고 있다.

은하단은 은하계와는 구조가 달라서 그 중심이 없거나 아니면 아직 우리의 능력으로 발견하지 못하고 있다는 정도의 수준에 머물고 있다. 그렇다고 해서 우리 은하단의 구조를 전혀 짐작조차 할 수 없는 것은 아니다. 우리 은하계의 일부 예언자들은 은하단의 메시지를 채널링을 통해 접하고 있다.

그러나 27세기로부터 200년이 지날 때까지도 창조와 진화 이것은 어디까지나 종교의 차원에서 접근할 수 있는 문제였을 뿐 우리 은하계의 물질과학 수준이 이를 밝혀내지 못하고 있었다.

물 위를 걷는 인간

인간은 기계장치의 도움 없이도 극미(極微)와 극대(極大)의 세계를 직접 볼 수 있게 되었다. 물 위를 걸을 수도 있고 공간이동도 마음대로 하게 되었다.

2601년, 비이스트 시스템과의 사투를 끝낸 인류는 지구와 화성을 제외한 8개의 제2지구에서 본격적인 재건설 작업에 들어갔다. 전쟁으로 제2지구에 해당하는 모든 기지들은 회생이 불가능할 정도로 파괴되어 버렸으며 수많은 사람들이 희생되었다. 전쟁 중에 희생된 사람들은 대부분 우주개척의 첨단을 걷는 과학자들과 그 자녀들로서 상당히 훌륭한 기질을 지니고 있던 사람들이었다.

그들의 희생은 우리 성단그룹뿐 아니라 은하연맹 자체에도 큰 손실이었다. 손실은 여기에서 그치지 않았다. 거의 100만 년을 휴면상태에 머물러 있던 은하계의 전사인 안타레스계 성인들도 지구인을 돕는 전쟁에서 멸종 위기에 처할 만큼 많은 희생을 치렀던 것이다.

자신들의 희생을 감수하면서 그토록 적극적으로 전투에 참가한 것은 그들이 특별한 목적을 띠고 탄생한 안드로이드이기 때문이었다. 그들의 뇌 속에는 지구인을 돕기 위한 프로그램이 이미 내장되어 있었던 것이다.

이들에 대한 진실은 서기 30세기 말에야 밝혀진다. 27세기부터 300년 동안 안타레스 지원군들은 더 이상 자신들의 복제체를 만들지 않았다. 그리고 30세기 말까지 살아남은 소수의 인원들은 자신들이 이 우주에서 더 이상 존재할 가치가 없다는 것을 확인하고 자신들의 수명을 더 이상 연장하지 않았다. 그 결과 그들은 우주에서 멸종되고 말았다. 자멸의 내막에 대해서는 아직도 정확하게 공개되지는 않았지만 아마도 그들의 생존 프로그램이 처음부터 그렇게 프로그래밍되어 있었던 것 같다.

파괴된 제2의 지구들이 2610년대에 들어서면서부터 다시금 그 기능을 어느 정도 정상 상태로 회복하기 시작했다. 그뿐 아니라 태양계 주위에 있는, 생물체가 거주할 수 있는 행성 30여 개에 지구기지들이 건설되기 시작했다. 그로부터 약 30여 년 뒤에는 인공행성까지 포함하여 50여 개나 되는 제2의 지구 행성기지들이 갖추어졌다.

새로이 구축된 행성기지들도 정치적으로 완전히 독립한 상태였기 때문에 엄밀하게 말하자면 제2의 지구라고 할 수 없었다. 행성기지들이 하나하나 완성되면서 40억도 채 안 되는 지구인 중에서 반 이상이 지구를 떠나 우주로 향했다.

파괴된 환경을 복구하고 제2의 지구 행성들이 어느 정도 제 모습을 되찾게 된 2620년대에 인류는 26세기에 시작된 헥사고닉스를 본격적으로 탐구하기 시작했다. 비이스트 시스템과의 전쟁에서 승리할 수 있었던 것도 헥사고닉스를 이해하고 그 가능성을 실증한 결과라고 할 수 있다. 정신력만으로 소행성의 운행궤도와 그 속도를 바꿔버리는 기적을 만들어냈던 것이다.

그런 입장에서 본다면 27세기는 헥사고닉스의 완벽한 응용이 여러 분야에서 이루어진 시기였다. 인류는 헥사고닉스를 연구하면서 잠재되어 있던 능력들을 마음껏 발현하기 시작했다.

첫째, 인류는 눈에 보이지 않는 세계, 즉 극미의 세계와 극대의 세계를 아무런 기계장치의 도움 없이 직접 볼 수 있게 되었다.

그것은 바로 제3의 눈, 즉 송과선을 통해 뇌 속에 있는 시각중추에 직접적으로 영상을 펼치게 한 결과였다. 호모 사피엔스는 사춘기를 맞이하면서 송과선의 기능이 대부분 퇴화해버렸지만 호모 아라핫투스들은 어른이 되어서도 송과선의 기능이 퇴화되지 않고 오히려 더 발달했다.

그러나 헥사고닉스의 완벽한 이해 없이는 송과선의 기능을 제대로 활용할 수 없었다. 따라서 26세기 이전에는 바이오칩을 통해 시스템의 도움을 받거나 환각제인 스파이마의 도움을 통해 제3의 눈을 제한적으로 사용할 수 있었을 뿐이었다.

엄밀하게 보자면 이것들은 모두 간접적인 영상이다. 하지만 이제 인간(호모 아라핫투스)은 자신의 잠재능력을 활용하는 데 어떤 기계장치도 필요치 않게 된 것이다. 그들은 원한다면 영상으로 극미의 세계는 물론이고 극대의 세계까지도 잡아낼 수 있게 되었다.

또한 우리 은하계의 공간에 파동으로 기록된 아카식 레코드를 영상으로 직접 볼 수 있는 시각능력이 생겼다. 새로운 시각능력을 통해 인류는 은하계의 모든 역사를 한눈에 볼 수 있게 되었다. 그것은 어떤 행성의 개별적인 역사뿐 아니라 그 행성에 살고 있는 개개인의 역사까지도 살펴볼 수 있을 정도로 발전되었다.

자기 자신을 포함한 모든 개체의 역사적 장면들을 시각중추에서 직접 보게 된 것이었다. 물론 그 영상에 대한 해석은 제각기 주관적인 것이었다. 해석에서만큼은 그때까지도 객관이라고 부를 만한 것이 없었다. 우주에 숨겨진 수많은 비밀들을 하나의 이론으로 완전히 설명해낼 수는 없었던 것이다.

둘째, 지구 내에서는 말할 것도 없고 원한다면 다른 행성에 떨어져 있는 사람과도 정신감응을 통해 얼마든지 통신을 할 수 있게 되었다. 언어적 차원의 통신뿐 아니라 상황에 대한 느낌까지도 서로 나눌 수 있었다.

문제는 통신 자체가 어려운 것이 아니라 정신감응에 응할 정도로 서로가 합일될 수 있느냐 하는 것이었다. 이미 인류에게 정신적 합일이 어려운 것은 아니었다. 어떤 사태가 벌어졌을 때 아라핫투스들은 벌이나 개미 수준의 합일감을 이뤄낼 수 있었다. 하지만 평상시에는 그 정도의 합일을 이루어야 할 상황이 거의 없었다.

셋째, 인류는 공간 내에서 어떤 물질들을 마음대로 창조할 수 있게 되었다. 엄밀히 말해 창조는 아니었지만 육안으로 보기에는 마치 창조 행위와 비슷했다. 중세 지구의 표현을 빌자면 '마법'과 같은 것이었다.

이러한 창조 능력 중에서 가장 많이 사용되었던 몇 가지를 예로 들자면 기계장치의 도움 없이 스스로의 능력만으로 공간이동을 통해 물체를 어느 곳에 보내거나 어느 곳에 있는 물체를 불러올 수 있었다. 과거에는 이것 역시 양쪽에 특수한 기계장치가 설치되어 있어야만 가능했다.

　공간이동을 적용시킬 수 있는 것은 물체만이 아니었다. 다른 차원에 존재하는 생물체까지도 가능했다. 단지 그 생물체보다 자신의 지적 수준이 더 높을 때에만 가능하다는 제한이 있었다. 그렇다고 해서 고도의 지성체를 불러오는 것이 불가능한 것은 아니었다. 그럴 때에는 일정한 형식을 통해 상대방의 의사를 물어야 했고 그것이 가능할 때에만 현실화시킬 수 있었다.

　넷째, 인류는 중력의 법칙을 마음껏 조절할 수 있는 능력을 갖게 되었다. 물 위를 걷는다거나 하늘을 나는 일은 그리 어려운 것이 아니었다. 몇 번의 호흡조절을 통해 대뇌에 있는 어떤 능력을 발현시키면 몸은 그 즉시 중력의 적용을 받지 않을 수 있었다. 그뿐 아니라 자신의 몸을 스스로 공간이동시킬 수도 있게 되었고 동시에 여러 곳에 나타날 수 있는 능력까지 생겨났다.

　마지막으로 자신을 포함해서 어떤 지성체이건 자신보다 그의 능력이 월등하게 뛰어나지 않는 한 그 지성체의 과거와 현재 그리고 미래까지도 정확히 예측하고 그 지성체의 속마음까지 읽을 수 있는 능력이 생겨났다. 만약 20세기 이전에 이러한 인간이 있었다면 그는 분명히 신이나 신의 대리자쯤으로 여겨졌을 것이다. 그러나 27세기에는 헥사고닉스를 이해하고 응용하는 사람이라면 누구나 지닐 수 있는 능력이었다.

이러한 놀라운 능력들을 곧 전지전능한 상태라고까지는 결코 말할 수 없었다. 우주에 대한 비밀을 하나씩 알아갈수록 전지전능의 단계에는 수많은 수준과 차원이 존재한다는 사실을 알게 되었기 때문이다. 전지전능의 단계에 가까워질수록 인류는 더 많은 한계를 느끼게 되었다.

27세기의 인류가 헥사고닉스를 이해하게 되면서 처음 느꼈던 흥분감은 곧바로 우주 전체를 파악할 수 있을 것 같은 기대감으로 이어졌다.

그러나 이제 그때로부터 3세기가 지난 이후의 우리 인간은 더 많은 한계를 느끼며 더 많은 능력을 요구하고 있다. 과연 우주의 끝은 어디이며 그 한계점은 무엇일지, 이전에는 몰랐던 비밀들이 하나씩 벗겨질수록 우주의 실체는 더 멀리 달아나는 듯하다.

갑작스럽게 능력이 신장된 인류는 약 2세기 동안 멀리했던 쾌감을 다시 찾아나섰다. 27세기 중반부터 인류가 추구한 쾌감은 그 이전 세기의 쾌감보다는 훨씬 승화되고 세련된 것이었다.

2640년에 인류는 새로운 환각제를 발견했다. 이 환각제는 어떤 약초나 화학물질에서 추출해낸 것이 아니었으며 그 효과를 엄밀히 따져서 말한다면 환각제라기보다는 각성제에 가까운 것이었다. 또한 이 환각제는 외부의 어떤 물질을 조합해서 만드는 것이 아니었다. 꿀벌이 자신의 머리에서 분비되는 물질로 로열젤리를 만들 듯이 인간 스스로 두뇌 시상하부에서 어떤 호르몬을 분비시키면 그것이 다량의 침과 같은 액체를 입안에 분비시켰는데 이 액체를 원료로 해서 만들어낸 음료였다.

이 환각제는 은하연맹의 각 성단그룹 수도권에 퍼져 있는 일종의 음료수 같은 것으로 그때까지 지구상에 나왔던 어떤 약물보다 뛰어난 효과를 지닌 것은 물론이며 부작용도 없고 중독성마저 전혀 없는 것이었다.

이 액체는 송과선이 활성화된 몸에서만 분비될 수 있었다. 이 자가 음료 생산법은 은하연맹의 지도급에 속할 정도로 의식이 고양된 존재들에게는 공공연하게 알려진 하나의 비방이었다.

지구에서는 이것을 소마라고 불렀는데 그것은 고대 인도의 경전인 '베다'에 나오는 신들의 음료를 지칭하는 이름에서 따온 것이었다. 사람들은 소마를 마시고 우리 은하계 내에 있는 아카식 레코드를 판독하고 즐기는 일에 몰두하기 시작했다. 제3자의 입장에서 그 음료를 마신 사람을 지켜보면 열반락에 빠져 있는 듯이 보였다. 그러나 이러한 상태는 소마를 즐기는 동안에만 지속되었다.

27세기에 일어난 또 하나의 특기할 만한 사건은 은자들의 합류였다. 그때까지만 해도 지구에는 사회와 접촉하는 것을 거부하고 자신들만의 학문과 사상에 빠져 때로는 동시대보다 느리게 때로는 동시대보다 훨씬 앞서서 정신의 노정을 걸어가던 무리들이 있었다. 극소수이긴 했지만 이슬람 문화권에 뿌리를 두고 있던 사람들 중에서 종종 나타났는데 이들은 자신들이 마법사나 신비주의자로 불리기를 바랐다.

그러나 인류가 헥사고닉스와 헵타고닉스를 함께 연구하기 시작하

면서 이전 시대에는 보통사람과 구별되었던 이들의 특수성이 사라지
자 그 전통은 자연히 허물어질 수밖에 없었다. 27세기에는 모든 사람
들이 예언자이자 마법사가 된 것이다.

여전히 남는 의문, '왜 존재하는가'

물질에 대해 완벽하게 이해하게 된 인간은 더 이상 소유하려 하지 않게 되었다. 욕망을 버
리자 '왜 존재하는가'에 대한 회의가 생겨났다. 지구는 우주의 모든 철학이 존재하는 사상의
만물상이 되었다.

2650년대에는 새로운 형태의 박물관들이 생겨나기 시작했다. 고대
의 유물들을 전시해놓은 평범한 박물관이 아니라 인간의 상상으로는
도저히 불가능하다고 생각되는 것들, 다시 말하자면 인간의 고정관념
을 여지없이 깨버리는 것들을 전시하는 공간이었다. 굳이 이름을 붙
이자면 '기적 전시관'이었다.

또한 27세기에는 물질변환 능력이 일반인들에게 널리 퍼지면서 물
질에 대한 가치를 매기던 기존의 관념이 완전히 무너졌다. 모든 물질
에 대한 가치 기준이 없어져버린 것이다.

22세기 이후로 지구에서 자본주의라는 제도는 구시대의 유물이 되
었지만 물질에 대한 가치관까지 완전히 사라진 것은 아니었다. 그러나
27세기 중반에 들어서 일부 지구 인류가 헥사고닉스를 넘어선 헵타고
닉스를 이해하고 응용하면서부터 물질에 대한 재평가가 이루어졌던

것이다.

물질과 소유라는 두 개념은 완전히 별개의 것이 되어버렸다. 사람들은 물질이란 소유할 수 없으면서도 동시에 얼마든지 소유할 수 있는 양면성을 가진 것이라고 의식하게 되었다. 역사가 시작된 이후 1만 년 이상 사람들의 머릿속에 생존을 위한 하나의 강박관념으로 존재하던 물질에 대한 집착이 비로소 완전히 사라지게 되었던 것이다.

물질에 대한 이해가 완벽하게 이루어짐에 따라 인간의 '욕망'도 서서히 변모했다. 그동안 물질과 욕망은 생육과 번성이라는 목표를 향해 인류의 역사를 이끄는 두 개의 수레바퀴 역할을 해왔었다. 물질에 대한 이해 부족이 끊임없이 욕망을 부추기는 원동력이 되었고 그 욕망은 새로운 물질 추구로 이어져왔던 것이다. 욕망과 물질은 하나의 축으로 이어지는 두 개의 바퀴인 셈인데 하나가 멈추는 순간 다른 하나도 역시 멈출 수밖에 없었던 것이다.

물질과 욕망의 수레바퀴가 멈추면서 인류는 이 땅에서뿐 아니라 이 은하계 아니 더 나아가 이 우주 전체에서 생육하고 번성해야 하는 절체절명의 대전제에 대해 회의를 갖기 시작했다. 그리고 그 회의에 대한 해답은 쉽게 발견되지 않았다.

세월이 지나서도 그 해답, 즉 살아야만 한다는 당위성의 논리를 스스로 귀결시키지 못했다. 그러나 인류는 마침내 생존해야 한다는 절대 개념이 이미 자신의 세포 속에 내장되어 있으며, 또 세포 이상의 차원에까지 각인되어 있음을 발견하기에 이르렀다.

그 사실은 정신의 학문인 헵타고닉스 즉 7차원공학을 이해하면서 알게 된 것이었다. 논리적 귀결에 의해 당위성을 찾은 것이 아니라 이미 우주가 존재하면서 동시에 존재했던 정신의 속성이었다. 그것은 물질과 욕망에 상관없이 정신적 차원만으로도 인류가 존재해야만 하는 당위성에 해답을 던져주는 것이었다.

무엇 때문에 존재해야 한다는 것이 아니라 이미 존재하는 길 외에는 다른 길이 없었으며 존재의 속성에서 피어나는 꽃과 열매가 곧 물질 차원에서의 생육과 번성인 것이었다. 또한 우주 역사를 통해 수많은 고도의 지성체들도 존재라는 문제와 씨름해왔다는 사실도 알게 되었다. 우주에 존재하는 대부분의 지성체들이 자신의 삶을 포기하기보다는 이러한 우주의 흐름에 합류해서 주체의 입장을 지지했다는 사실까지 알게 된 것이었다.

여기서 말하는 주체의 입장이란 조물주가 만들어낸 피조물의 입장이 아닌 조물주와 같은 입장을 말한다. 그리고 지구인 역시 30세기에 들어서면서 이러한 주체의 입장을 조금씩 이해하기 시작했고 스스로를 이러한 주체와 동일시하게 되었다. 여기에는 대단한 의미가 숨겨져 있다.

피조물로서 신에게 대항하고 질문을 던지던 인간의 입장에서 벗어나 신의 마음을 읽고 진화의 정도가 낮은 행성에 사는 존재들에게 신의 입장을 대변하는 역할을 하게 되었다는 의미였다.

이것은 지구의 고대 신화에 나오는 신이나 천사들의 역할을 이제 지구인들이 맡게 되었다는 뜻이기도 했다.

사실 25세기 전까지만 해도 지구상에서는 몇 안 되는 극소수의 천재들만이 이 문제에 대해 심각하게 고민을 했을 뿐이었다. 그리고 그 중에서도 몇몇의 사람들만이 신의 마음을 읽고서 그 대변인의 입장을 취해왔으며 그들은 대중으로부터 신처럼 대우를 받았다. 지구상에 여러 종교가 생겨나고 그 종교의 교조가 신성시되는 것도 그 교조들이 이러한 단계를 거쳤기 때문이었다. 27세기 말에 이르러 존재에 대한 당위성을 찾는 문제는 인류 전체의 공통 관심사가 되었고 또한 공동의 숙제가 된 것이다. 그리고 이 문제를 해결하기 위해서라도, 다시 말해 원초적인 당위성과 논리적 귀결을 연결하기 위해 꼭 번성의 차원까지는 아니더라도 인류는 일단 생존해야 했다.

제2의 지구로 불리던 행성들은 2660년대 들어 제 나름의 독자적인 이름을 갖기 시작했고 그와 동시에 각각 지구로부터 정치적, 경제적 독립을 시작했다.

각 행성의 독립은 지구정부의 인정과 은하연맹의 허가를 받아서 이루어졌다. 그 과정에서 별다른 무리는 따르지 않았다. 이미 제1지구에 사는 지구인들은 새로운 정신적 과제를 푸는 우주적 유희에 빠져 있었기 때문에 외부적인 일에 대해서는 그만큼 관심을 기울이지 않고 있었다.

제1지구의 이러한 분위기에 흥미를 느끼지 못하거나 적응하지 못하는 사람들은 각자 자신의 취향에 맞는 제2의 지구행성들을 찾아갔다. 이들은 주로 젊은 영체의 소유자들이었다.

젊은 영체의 소유자들이 지구를 떠나는 것과는 반대로 베가성뿐 아니라 트라페지움 행성계의 휴머노이드들 중에서 늙은 영체들은 자신에게 익숙한 지구의 분위기를 맛보고자 모두 지구로 몰려들었다. 물론 우리와 가장 유사한 유전자 체계로 이뤄진 시리우스나 플레이아데스 성단의 우주인들도 예외는 아니었다.

육체를 갖고 있는 우주의 늙은 영체들은 소마라는 환각제를 느긋하게 즐기기 위해 대거 지구로 몰려들었다. 2670년대 들어서 지구는 마침내 거대한 환각제 생산공장이자 은하계의 휴식처가 되었다. 따라서 지구는 은하계에서는 보기 드문 다양한 인종들이 모여 사는 행성이 되었다.

지구에 남아 있던 약 20억의 지구 원주민과 지구를 방문한 우주인 유동인구 30억을 합쳐 약 50억의 존재들이 지구에 머물렀다. 이토록 고조된 분위기 속에서도 성숙되지 못한 의식의 산물인 범죄는 단 한 건도 발생하지 않았다. 그것은 이미 성자라고 할 만한 존재들, 즉 평화를 사랑하는 은하계의 가장 늙은 영체들만 지구로 모여들었기 때문이다.

지구에는 모든 성숙된 철학사상과 우주 구석구석에 존재하는 기발하고 특이한 종교사상들이 모두 집결하여 사상의 만물상을 이루게 되었다. 외적으로 보면 지구는 조용한 전원도시의 풍경을 유지하고 있었지만 내적으로는 일찍이 은하계 내에서 찾아보기 힘들 정도로 각종 가상공간이 풍성하게 존재하는 곳이 되었다.

이와 더불어 고도로 발전된 은하연맹의 물리학과 기술을 바탕으로 하여 달의 공전궤도 주위에 새롭게 타임터널을 정비했다. 이 타임터널은 은하계의 주요 행성과 직접 연결되는 것이어서, 20세기 고속도로의 인터체인지 같은 역할을 했다. 그 인터체인지의 관문 역할을 하는 것은 달이었다.

은하계 내의 어느 누구를 막론하고 자신들의 우주선을 타고 곧바로 지구에 착륙할 수는 없었다. 일단 타임터널의 게이트 주위에 우주선을 정박시켜놓고 달에 와서 수속을 밟아야 했고 달에서 모든 절차가 끝나야 지구와 달 사이를 왕래하는 우주왕복선으로 옮겨 탈 수 있었던 것이다. 옛 지구의 거주민들을 정신적으로 진화시키기 위해 은하연맹에서 준비한 달의 기지가 5세기 만에 그 원래의 기능을 회복하게 된 것이었다.

이 모든 활동들을 가능케 했던 일꾼들은 다름 아닌 20억 명의 안드로이드들이었다. 그들은 모든 생산적인 활동에 종사함으로써 은하문명의 중심적 역할을 하게 된 지구의 하부구조를 튼튼히 떠받치고 있었다.

2690년대 지구는 각종 우주의 역사를 한눈에 볼 수 있는 박람회장 같은 행성이 되었다. 은하연맹 본부의 연락소와 12개의 각 성단그룹 연락소를 위시해서 모든 독특한 문화의 출장소가 지구에 개설되었다.

27세기 후반의 지구 문화는 카페문화라 볼 수 있었다. 카페문화는 은하계에서 하나뿐인 카페행성 지구에서만 탄생 가능한 것이었다. 은하계 모든 학문과 종교와 예술의 최극점의 집합소가 된 지구! 그것은 호모 아라핫투스의 탄생과 그것이 일궈낸 개체의 합일이라는 업적의 결과이며 또한 동시에 지구는 은하계에서 새로운 희망의 별이 된 것이다. 그 희망이란 은하계에 육체를 갖고 거주하는 모든 지성체들이 자신들의 모든 알력과 투쟁의 요소를 하나의 용광로 속에서 불살라버리고 대화합의 길로 나설 수 있으리라는 작은 바람의 성취였던 것이다.

'소멸의 천사'와 마주치다

영체에너지를 먹고 사는 영체사냥꾼이 나타났다. 육체의 한계를 뛰어넘어 존재하려는 개체
가 나타나면 그들이 어김없이 나타났다. 인류에게는 더 이상 언어가 필요없게 되었다. 정신
의 감응만으로도 대화할 수 있게 되었다.

2690년대 말, 28세기로 넘어가기 직전에 태양계에 한 가지 이상한
현상이 일어났다. 혜성처럼 생긴 정체불명의 우주선이 방문했던 것이
다. 여태껏 한 번도 볼 수 없었던 우주선이었으며 혜성의 핵 속에 숨
어 있어서 어떠한 멀티플레인 레이더에도 잡히지 않는 것이었는데, 가
까이서 보아야 육안으로 겨우 인식할 수 있는 투명 상태에 가까운 형
태였다.

우주공간에서 항해하던 우주선이 이 혜성을 만나게 되면 그 우주
선 내에 있던 모든 휴머노이드들이 아무런 외상도 없이 목숨을 잃는
사건이 발생했던 것이다.

영체가 없는 로봇이나 안드로이드 혹은 우주선 자체의 시스템에는
아무런 손상도 남기지 않았다. 그것은 100만 년 전부터 은하계에 가
끔씩 출현했던 적이 있는, 하나의 전설로 전해져오던 존재였다.

전설에 의하면 그 우주선에 타고 있는 존재들은 육안으로는 보이
지 않아서 마치 아무도 타고 있지 않은 실험용 무인 우주선과 비슷하
다고 했으며 외형이 단순한 얼음덩이 같아서 누구도 그것을 눈여겨보
지 않을 정도였다고 한다. 하지만 그 우주선 안에는 가공할 만한 존
재들이 탑승하고 있었다.

그들은 어떤 무기로도 소멸시킬 수 없는 저승사자 같은 존재로서

일명 영체사냥꾼으로 불리고 있었다. 전설에 따르면 그것들은 일종의 바이러스가 고도로 진화한 것으로서 그 모양을 시시각각으로 바꿀 수 있고 또 영체를 지닌 어떤 육체를 만나면 순식간에 그 육체와 똑같은 모습으로 변한다고 했다. 그리고 그것들은 영체에서 나오는 생명의 정수, 소위 영체 에너지를 먹고 산다고 알려져 있었다.

은하연맹의 정통 역사 기록에 따르면 그것은 은하계 초기 역사시대부터 아주 간간이(1만 년에 한두 차례 정도로) 우리 은하계에 나타났는데 한 번은 우리 태양계에도 혜성과 함께 나타나 사람들을 집단으로 살상시키고 그 영체를 소멸시켜버린 적이 있다고 했다.

하지만 그토록 가공스런 존재였음에도 그 출현 횟수가 워낙 드물었기 때문에 대응할 방법이 전혀 마련되어 있지 않은 상태였고 그것에 관한 지식도 상당 부분 왜곡되어 전해지고 있었다. 아주 드물지만 은하계 고대 경전에도 그들을 묘사한 부분이 발견되었는데 그들을 '소멸의 천사'로 일컫고 있었다.

어떤 생명체의 과학문명이 고도로 발달하여 죽음이라는 육체의 한계마저 극복하려는 단계에 이르면 반드시 소멸의 천사가 찾아왔다고 한다. 그들은 육체의 한계를 벗어나 불사의 존재가 될 가능성이 있는 생명체들을 어김없이 찾아내어 그들에게 죽음을 부여했다는 것이다.

아주 드문 경우였지만 우주선이 어떤 타임터널로 들어갔다가 빠져나오지 못하고 영원히 미로 속을 헤매는 경우가 있었다. 그럴 때는 생체 속에 내장되어 있는 세포시계마저 작동을 하지 않아서 그 상태로 있으면 영원히 노화되지 않는 상황이 일어난다. 물론 그럴 경우에는 보통 공기나 식량 부족으로 죽게 되지만 일부 우주선은 외부에서 빛만 공급된다면 공기와 물 그리고 식량을 무한정 계속 재생시킬 수 있는 순환장치를 갖추고 있었으므로 무한정으로 안락한 생활환경이 제공되기도 했다.

그런 경우는 무척 드물었지만 은하계에는 수많은 우주선이 있었고, 타임터널을 통해 여행을 하는 경우도 무척 빈번한 상태여서 그런 일이 가끔씩 일어났던 것이다. 그런 상태로 아주 오랜 기간이 지나면 우주선에 탑승한 승무원끼리 문제를 해결하여 그 타임터널을 빠져나오는 수도 있었다. 그러나 어떤 시간대로 빠져나올 것인지에 대해서는 알 수가 없었다. 과거가 될 수 있고 현재가 될 수 있으며 공간 역시 예상치 못한 전혀 다른 곳일 수 있었다.

타임터널을 빠져나와 어떤 행성에 도착해도 그들의 생체시계는 여전히 고장을 일으킨 채로 남아서 제대로 작동을 하지 않는 것이다. 그럴 경우에 그들은 늙어서 자연사하지 않는다.

그뿐 아니라 그들은 더 이상 조악한 에너지 체계인 음식물을 섭취하지 않아도 생존이 가능했으며 다른 생체의 에너지만을 흡수하는 것으로 살아가게 된다. 그런 존재들이 자신의 에너지 섭취를 위하여 하나의 행성을 파괴하거나 생태계 체계를 교란시키는 경우도 있었다.

하지만 그런 상황이 발생하면 오래가지 않아 소멸의 천사들이 어김없이 그들의 존재를 발견하여 그들의 육체를 소멸시키고 영체의 개체성을 용해시키는 조치를 취했다. 육체의 불사를 추구하고 그런 경지에 가까이 다가간 존재들에게는 이 소멸의 천사야말로 가장 두려운 존재들이었다.

소멸의 천사는 29세기 말에 가서야 비로소 은하계 내에 그 정체가 알려졌는데 그것은 은하 인류가 우리 은하계를 벗어나 초은하단을 여행하다가 그들을 직접 만남으로써 알게 된 사실이었다.

2640년대부터는 언어의 사용이 현저히 줄어들게 되었다. 그로부터 10년 뒤에는 기록을 남기기 위한 연대관들만이 언어를 사용했을 뿐 대부분의 사람들은 모두 정신감응 방식을 의사소통의 수단으로 사용했다. 그러나 기록을 하는 사람들은 여전히 언어를 사용해서 기록을 남겼다.

중세 지구로부터 지금까지 유일하게 이어져 내려오는 학문이 있다면 그것은 기록에 관한 학문, 즉 문학일 것이다. 물론 픽션의 형태를 지닌 문학은 23세기 이후에는 거의 사라졌지만 말이다.

∞

혹시 당신은 꿈을 꾸는 사람인가.
동시대 사람들은 이해할 수 없는 불가해한 꿈으로 인해,
동시대의 주류에 속하지 못한,
혹은 속하지 않는 그런 사람말이다.

꿈을 꾸는 사람들은 자신의 시대와 불화할 수밖에 없지만,
사실 그들은 누구도 알지 못하는 사이에
몇 세기 너머에 있는 시간의 문을 열고 있었던 것이다.
자신이 살고 있는 물질계의 질서로는 불가능하다고 선고된 일들의
실행을 꿈꾸고 실행하고자 했던 사람들,
주류 사회에 편입되지 못함으로써 겪어야만 할 소외를
두려워하지 않는 사람들,
그들이야말로 27세기에 와서야 비로소 밝혀지기 시작한
6차원 헥사고닉스의 세계를 미리 산 사람들이다.
'미리'라는 기호를 쓰기는 했지만 사실 그들은
'이미' 내장돼 있는 기억을 찾아낸 것이라고도 할 수 있다.
이 내장된 기억은 특정한 한 사람에게만 나타난 것은 아니었다.
서로 다른 환경에 의해 형성된 상반된 문화권에 살면서도
개념의 일치를 보이는 의식과 현상들이 존재했던 것과,

∞

일찍이 인류가 '집단 무의식'이라 이름 붙인 것들이
이 기억의 집단성을 확인시켜주는 증거이다.
환영 혹은 상상력이란 이름의 외피를 두른 상태로만
존재할 수밖에 없었던 이 세계는,
그러나 다음 시대의 예시이기도 했다.
동시대에 만났든 훨씬 후대에 조우하게 되었든
꿈을 꾸는 사람들의 곁에는 항상
그 꿈의 실현 가능성을 찾는 사람들이 함께했다.
불가능의 실현에 도전하는 그들로 인해 사람들은
하늘을 나는 기구를 만들어 비행의 꿈을 이루었으며,
사물의 영상을 그대로 재현해내거나 왜곡시키는 기계장치들,
복제 생명체들 그리고 가상의 세계들을 창조했다.

그러나 과학이 그렇게 눈부시게 발달했음에도
물질계의 놀라운 혁명을 주도하고 있는 인간 자체는
여전히 신비에 싸인 존재였다.
가장 밝히기 힘든 영역, 파고들수록 심오한 물질계가 바로
'인간 자신'이었던 것이다.
그것은 너무나도 당연했다.

8

인류는 아직 완성되지 않은 존재였으며,

그럼에도 그런 자신에 대해 끊임없이 탐구하도록

운명지어져 있었기 때문이다.

인류는 자신들의 능력이 어디까지 닿아 있는지 알지 못했다.

인간 스스로가 열어야 할 문이긴 했으나

자신들이 만든 기계의 힘으로 측정할 수 있는 것이 아니었다.

인간이 발명해낸 도구들은

인간의 신체기관으로는 불가능하다고 생각했던 많은 것들을

가능케 했다.

극미의 세계를 볼 수 있게 하거나,

시야를 벗어난 공간에서 벌어지는 일들을

환하게 알 수 있게 만들어주었다.

그러나 도구를 이용해야만 실현되는 감각은

불완전한 감각일 수밖에 없다.

인체에 어떤 물질을 인위적으로 내장시키는 것도 마찬가지였다.

완전하지 않은 인간의 손으로 만들어진 기구 역시

완전할 수 없기 때문이다.

∞

오직 인간에게 태생적으로 내장되어 있는 능력을

최대한 확장시키는 것만이 인간을 완전하게 할 수 있었다.

인간 자체에 내장된 능력을 최대한 찾아내고

물리적 현상으로 실체화하는 과정이 바로

지구 인류의 역사였다고 말할 수 있다.

헥사고닉스의 차원에 와서야 바로 이런 세계,

그전에는 '마법'이란 기호로 지칭되었던 세계가

인간의 역사로 실현되었던 것이다.

그리고 그 시대에도 여전히

한 발 더 앞서나가는 부류들이 있었다.

27세기 지구 인류가 누렸던 6차원을 넘어

7차원인 헵타고닉스의 세계로 먼저 들어간 인간들,

'존재 그 자체'가 존재의 목적이라는 것을 밝혀낸 무리들말이다.

인류가 존재의 궁극에 다다를 때까지 이런 무리들은 존재했다.

더 높은 차원으로 도약하기 위해 꿈꾸는 자가

반드시 필요했던 것이다.

전 인류가 완전히 하나된 존재에 이르는

위대한 프로젝트가 완성되기 전까지는.

자, 그럼 완성을 향해 다음 단계로 한 걸음 더 나아가보자.

28세기
The twenty-eighth Century

—

지구로 몰려드는 늙은 영체들

영원한 안식 '모크샤'를 얻기 위해 우주의 늙은 영체들이 지구를 찾았다. 지구는 고대의 지혜가 숨쉬는 '아티샤 플래닛'으로 불리게 되었다. 지혜와 지옥이 공존하게 된 지구······

28세기에 들어서도 지구인들의 우주 진출은 여전히 활발하여 초기 20년간 지구를 떠나는 인구가 절정에 이르렀다. 서기 2720년대에는 지난 세기의 이주 인구까지 모두 9할에 가까운 지구인이 지구를 떠나 태양계 주변에 건설된 제2의 지구 행성과 은하계 내의 여러 행성으로 이주해갔다. 그토록 많은 사람들이 지구를 떠난 이유는 지구 자체가 더 이상의 분열 에너지, 다시 말해 생산적인 에너지를 분출하지 않았고 행성 분위기 역시 노령화된 의식 수준을 반영하는 상태가 되었기 때문이다.

은하연맹에 가입한 대부분의 지성체들은 자신들의 출신 행성을 떠나 생성 역사가 짧은 편인 소위 젊은 행성에 거주하고 있었다. 그 한

217

예로 우리 태양계가 속한 성단그룹의 수도인 오리온좌의 트라페지움 행성계 행성들도 그 생성 연대가 길어야 1억 년도 채 되지 않는 어린 별에 속했다. 지구의 나이가 45억 년이라고 볼 때 지구는 은하계에서 평균 이상의 고령화된 행성에 속했다.

행성의 나이가 어릴수록 분열 에너지는 강하고, 그 분열 에너지는 곧 발전적이고 생산적인 분위기와 연결된다.

지구인들 역시 활기찬 생활의 변화와 건설 및 개척적인 삶에서 의미를 찾는 사람들은 지구에 머무르는 것을 답답하게 생각했다. 그 결과 지구에 남은 인구는 5억이 채 되지 않았고, 그 대신 남아 있는 지구인 숫자의 두 배에 이르는 휴머노이드계 우주인들이 지구를 찾아왔다.

지구에 남아 있는 지구인과 휴머노이드들의 의식주 및 모든 사회적 생활을 위해서 1억에 달하는 안드로이드들이 일을 하고 있었다. 당시까지 제작된 안드로이드의 숫자는 거의 20억에 육박했지만 대부분 자신들의 주인을 따라 우주여행을 시작했던 것이다. 그리고 아주 극소수를 제외하고 그때 떠난 대부분의 인류는 다시 지구로 돌아오지 않았다.

지구에 남은 5억의 지구인(몇 안 되는 어린아이들을 제외하고)과 지구를 찾아온 10억의 휴머노이드계 우주인들이 주력한 일이란 바로 소마라는 환각성 넥타에 취하는 것이었다.

소마를 복용하면 일반적인 환각제처럼 감각이 무뎌진다거나 이성을 잃는 것이 아니라 더욱 세밀한 감각과 이성을 되찾게 되어 자극에 훨씬 민감하게 반응을 했다.

그럼에도 굳이 환각성이라는 명칭이 붙은 것은 그 감각의 각성 정도가 워낙 예민해서 평소의 상태에서 보면 마치 꿈이나 환각 상태처럼 여겨질 정도였기 때문이다. 그것이 처음 나왔을 때의 20~30년간 주류를 이루었던 목적인 쾌락 추구와는 달리 28세기의 지구 거주민들은 훨씬 더 진지하고 분명한 목적을 위해 소마를 복용했다.

지구에 남아 있던 아라핫투스들과 은하계의 휴머노이드계 우주인들은 은하계 각 지역에서 한때 일세를 풍미했던 예술과 철학의 사상들을 단순히 지구에다 종합적으로 옮겨다놓고 그것을 즐기려 하지는 않았다. 그들이 지구를 찾아온 이유는 그 여행을 영혼의 마지막 성지 순례 여행으로 여겼기 때문이었다.

하나의 영혼이 한 은하단에 속한 은하계에서 존재의 여정을 모두 마치고 새로운 차원 즉 다른 은하단으로 넘어가고자 할 때에는 자신이 과거 전생에 지었던 모든 빚을 청산해야만 했다. 그 빚이란 자신의 영혼이 처음 이 은하계 내에 생성될 때 필요했던 막대한 양의 에너지를 말하며 이 은하계를 떠날 때는 다시금 그 에너지를 모두 발산시켜야 했던 것이다. 그러한 에너지 발산의 예비 단계로 그가 이 은하계에 생존해 있는 동안에 지었던 무수한 부정적인 행위에 대한 보상, 즉 그 업에 대해 처벌을 받아야 했다. 그 처벌은 주로 그가 존재할 수 있는 마지막 생애 동안에 행해졌다.

처벌이라고는 하지만 거기에는 부정적인 의미보다는 우주의 원리에 대한 이해의 수준을 높이기 위한 필수 과정이라는 의미가 더 강했다.

28세기의 지구야말로 그러한 처벌 장소로서 적합하다고 인식됐기 때문에 그 빚에 대한 청산 작업의 장소로서 지구를 택한 것이었다. 그리고 또 한 가지 이유는 지구가 그때부터 합일의 에너지를 왕성하게 분출하기 시작했기 때문이었다.

분열의 에너지가 창조, 곧 탄생과 분화의 에너지라면 합일의 에너지는 죽음과 결실의 에너지인 것이다. 그러한 행성 에너지는 그 행성에 사는 존재들의 의식 상태와 적절한 조화를 이루고 있었다. 서로 상반되는 에너지 상태로는 제대로 생태계를 유지할 수 없는 것이다.

합일의 에너지가 분출하기 시작하면 그 행성의 물질적 수명은 얼마 남지 않게 된다. 합일의 에너지가 물질을 에테르로 변화시키는 작용을 하기 때문인데, 에너지를 모두 방출해버려 더 이상 변화를 일으킬 것 같지 않아 보이던 갖가지 원소들에게도 다시 에너지가 투입되어 변화를 일으킬 준비를 하게 만든다.

당시 지구를 방문한 휴머노이드계 우주인들은 대부분 그 영체가 과거에 지구적 삶과 연관이 있는 자들이었다. 그들은 본래 지구인은 아니었지만 예언자나 상담자, 혹은 필요하다면 큰 전쟁을 일으키는 악역을 하기 위해 잠깐 지구인으로 태어난 적이 있던 사람들로 구성되어 있었다.

그들은 대부분 늙은 영체를 지닌 존재였을 뿐 아니라 은하계 내부에는 더 이상 갈 곳이 없을 정도로 여러 생을 거치는 동안 자신들에게 필요한 행성들은 모두 둘러본 상태였다. 그런 과정을 거친 후 그들은 이 은하계에서 자신들 삶의 마지막 종착역으로 지구를 택한 것이었다.

그들은 주로 지구에서 소마를 복용하면서 각성 상태의 황홀경 속에서 지내다가 자신들의 삶을 마감하려 했는데 그것은 수명이 얼마 남지 않은 지구라는 행성에서 그 행성의 생명체로 몸을 빌려 다시 태어나기 위해서였다.

당시로선 지구 행성의 생명체로 태어난다는 것은 곧 이 은하계에서 펼쳐졌던 삶의 모든 여정을 끝내겠다는 뜻이었으며 때가 되면 곧 다른 은하단으로 이어지는 문이 지구에 개설되리라는 우리 은하계 고대의 예언에 따른 것이었다.

그들은 그 일을 해탈 혹은 영원한 안식 등의 뜻을 지닌 단어로서 '모크샤'라고 불렀는데 그것 역시 소마와 함께 지구 고대 종교에 등장하는 표현이었다.

모크샤를 얻고자 하고 또 얻을 만한 의식에 이른 존재들이 모두 지구에 몰려들었기에 28세기 이후로 30세기까지 지구는 은하계 내에서 가장 지혜로운 별로 여겨졌다.

은하계 거주민들은 지구를 가리켜 고대의 지혜가 숨쉬고 있는 행성이라는 뜻으로 '아티샤 플래닛'이라 불렀으며 가이아 킹덤이라는 지구의 공식 명칭 대신 사용하게 되었다.

소마의 복용을 통해 즐거움을 얻는 단순한 환각 상태는 27세기 후반에 이미 끝나버렸다. 27세기 말부터는 소마를 통해 주로 과거 시간대로 여행을 시작하게 되었는데 그 진행 속도에서 약간의 개인차가 있었을 뿐 기대하는 효과는 대부분 비슷했다.

과거 시간대의 여행이란 돌이키고 싶지 않을 정도의 고통스런 추억을 되살리고 그 고통을 해결하는 데서 오는 즐거움과 안식의 상태로 들어가기 위한 것이었다. 사실상 그것은 궁극의 쾌감을 느끼기 위한 필연적인 과정이었다.

환각 상태에 빠졌을 때 대부분 세 단계의 쾌감을 느끼게 된다.

첫 번째 쾌감은 단순한 즐거움인 의식 표층에 형성되는 쾌감으로 신체의 호르몬 분비를 통해 일어나는 감각적 쾌감이다. 만약 더욱 깊은 쾌감을 원한다면 무의식의 심층으로 들어가야 하는데 여기에서 대면하게 되는 첫 감정은 공포이다.

두 번째 쾌감의 원천은 자신에게 닥쳐오는 이 공포의 비밀을 모두 이해함으로써 공포로부터 해방되는 자유를 맛보는 것이다. 이보다 더 깊은 쾌감을 맛보려 할 때는 무의식의 최심층에 존재하는 회한의 단계로 들어가게 된다. 그것이 곧 세 번째 쾌감이다.

세 번째 쾌감은 과거의 삶을 가진 존재가 해결되지 않은 과거의 잘못에 대한 회한의 고통을 해결할 때 오는 즐거움이다.

회한의 고통을 올바르게 이해하고 그 관문을 지날 때 비로소 그 존재는 빚진 것을 완전히 갚았다는 홀가분한 기분을 느낄 수 있는데, 이때 느끼는 쾌감이야말로 가장 궁극적인 쾌감으로 자신의 영체를 구성하고 있는 잠재적 에너지를 폭발시키는 감정이다. 그리고 거기에서 생겨나는 쾌감은 감각이 주는 첫 번째 쾌감과는 비교할 수 없는 것이다.

헥사고닉스의 완벽한 응용으로 개화된 상태의 지구의 의식층은 그야말로 마법의 세상이라 볼 수 있었다. 다시 말하자면 무의식의 공포나 고통을 일으키게 하는 각종 상황을 홀로그램처럼 현재 시간대로 불러낼 수 있었고 그것을 불러낸 당사자뿐 아니라 제3자도 구경할 수 있는 객관적인 현실로 펼쳐졌다(과거 스파이마를 통한 환각은 어디까지나 주관적이고 개인적인 것이었다. 소마와 스파이마의 차이는 여기에서 나타난다).

소마를 복용한 상태에서는 개인적으로 과거 시간대의 여행을 할 수도 있었지만 공개된 장소에서 많은 대중이 보고 있는 가운데 그런 상황을 연출할 수도 있었던 것이다.

모든 악행을 포함한 과거 자신들의 실수를 공개하는 모임이 자주 열리게 되었다. 이런 상황들이 여러 장소에서 동시다발적으로 하루도 거르지 않고 열렸는데 만약 이러한 상황을 이해하지 못하는 어떤 사람이 그 장소를 방문했다면 거기에서 펼쳐지는 공포와 비극적 상황들로 인해 생지옥을 연상했을 것이다.

하지만 이미 그 장소에 모여든 사람들은 하나같이 그 상황을 충분히 이해할 수 있었고 방관자라기보다는 주인공의 입장에서 공감을 느끼는 상황이었다.

그 상황을 지옥의 고통으로 느끼는 사람들은 지구에 머물 필요를 느끼지 못하고 일찌감치 다른 행성으로 떠나갔다. 그들은 아직 이 은하계에서 생명을 마감할 만큼 늙은 영체가 아니었기 때문이다. 만약 그들이 지구 출신이라면 대부분 제2의 지구 행성이나 다른 신개척지 행성으로 떠나갔고 다른 행성 출신의 방문객이라면 일찌감치 자신의 고향별로 되돌아갔다.

28세기의 지구는 은하계가 생겨난 이후로 인간이 상상할 수 없었던 끔찍한 사건들을 비롯하여 모든 웃지 못할 실수들과 부정적인 상황들이 재현되는 곳이었다.

그런 상황은 욕망과 그것이 빚어낸 각종 비극의 결과라고 말할 수 있을 것이다. 하지만 거기에 참여하는 사람들은 그 장면들이 끝날 때마다 극도의 쾌감을 즐기고 있었다. 그 쾌감은 상황을 단순하게 즐기는 것에서 느끼는 것이 아니었다.

그들은 자신들의 눈앞에 재현된, 자신들이 저지른 과오의 현장에서 고통을 느꼈지만 그 고통을 통해 자신들의 빚을 변제할 수 있다는 것을 즐겼다. 애써 외면하려 했던 자신들의 모든 무의식을 정화시킴으로써 오는 카타르시스적인 쾌감은 어떠한 쾌감과도 비교할 수 없는 것이었다.

28세기의 아티샤 플래닛 지구는 겉으로 보기에는 지혜의 별이라기보다는 말 그대로 생지옥이었고 일찍이 은하계 역사에 한 번도 없었던 극도의 카타르시스 에너지가 분출되는 엑스터시의 폭발장이었다.

지혜와 지옥은 일견 상반되는 의미를 갖지만 사실은 가장 지옥 같은 상황에서 가장 고도의 지혜를 경험할 수 있는 것이 우주가 갖는 패러독스였다. 이런 상황에서 여기에 동참하지 않고 방관자로 남아 있던 존재들이 있었는데 그들은 다름 아닌 안드로이드들이었다.

안드로이드의 엑소더스

사피엔스 수준까지 발전한 안드로이드들은 더 이상 지구에서 봉사하지 않을 것을 선언했다.
인간의 허락하에 그들은 유성생식 능력을 갖추고 새로운 행성으로 이주해갔다.

당시의 안드로이드들은 이미 25세기에 처음 출현했던, 단순한 심리 상태를 지닌 로봇에 가까운 그런 안드로이드들이 아니었다. 그들의 의식 상태는 훨씬 복잡해졌으며 두뇌 회로 역시 거의 호모 사피엔스의 그것에 필적할 정도의 정교함을 지니고 있었다. 그들은 선사시대의 인류와 비슷한 정도의 감정 상태를 지니고 있었는데 일을 처리하는 지능면에서만 본다면 20세기 전후의 인간과 비슷할 정도였다.

공장에서 생산되던 안드로이드들도 28세기에는 안드로이드 자신들의 가정에서 생산되었다. 그리 오래된 것은 아니지만 그들 역시 유성생식으로 재생산되고 있었던 것이다. 그들도 존재의 한 모습을 갖추어가고 있었고 동시에 자신들끼리 동일시와 유대감, 정체감을 지니게 되었다.

안드로이드를 처음 만들 때는 인간의 유전자를 이용했지만 그것만으로는 바이오칩으로 구성된 컴퓨터 뇌와 완벽한 조화를 이룰 수가 없었다. 인간의 몸에서 나오는 생체전기만으로는 컴퓨터 뇌를 만족스럽게 구동시키기에 턱없이 부족했기 때문이다. 안드로이드의 성능이 향상되기 위해서는 좀 더 생체에 가까운 뇌와 좀 더 생체전기가 많이 발생할 수 있는 몸체를 결합시키는 것이 관건이었다.

게다가 26세기 이후로 인류가 시스템의 통제를 벗어난 만큼 시스템의 일상적인 혜택을 받을 수 없었기에 일상생활의 많은 부분에서 안드로이드들의 도움을 받아야 했다. 인류에게는 더 예리한 판단력과 의사결정 능력뿐 아니라 인간의 감정까지도 읽어낼 수 있는 수준 높은 안드로이드가 필요했던 것이다.

이러한 사회적 필요성과 안드로이드 자가생산 프로그램, 그리고 안드로이드 자신들의 진화 의지가 삼위일체를 이루어 결국에는 유성생식을 통한 안드로이드의 재생산 방식이 고착되었다.

안드로이드들은 모든 만남의 장소에서 매일 벌어지고 있는 끔찍한 장면들을 대할 때마다 상당한 충격을 받았는데 그것은 이미 그들에게도 감정을 느끼고 회의할 수 있는 상당 수준의 감성이 갖추어졌음을 의미했다. 하지만 지구에서 행해지는 전체적인 메커니즘을 이해하고 동참해서 함께 즐길 만한 수준은 되지 못했다.

결국 자신들의 눈앞에서 벌어지고 있는 일들을 이해할 수 없는 상태에서 감정적 충격을 계속 받게 되자 그들은 자신들의 삶에 대해 생각하기 시작했다.

생각이 계속될수록 그들의 생각은 자연히 회의적인 방향으로 기울어갔다. 자신들은 노예가 아니며 하나의 자유인으로서 사회의 하부구조를 튼튼히 하는 중추적 존재라는 자각을 하기에 이른 것이다. 수많은 지구인들과 우주인들이 자신들의 땀과 노력을 바탕으로 여유로운 삶을 유지할 수 있다는 사실을 깨닫게 된 것이다. 그들은 일하는 것을 좋아했으며 일이 없으면 불안해서 견딜 수가 없었다. 그들의 눈에는 지구인이나 휴머노이드 우주인들은 그렇지 않은 것으로 보였다. 안드로이드들의 눈에는 그들이 하나같이 놀기만 좋아하는 한량처럼 보였던 것이다.

자신들의 삶에 대해 회의하기 시작한 안드로이드들은 그러한 상태를 오래 견딜 수가 없었다. 그것은 안드로이드뿐 아니라 이 우주의 어떤 생물체라도 마찬가지였을 것이다. 그들은 자신들의 직무에서 이탈하고 싶다는 생각이 간절해졌으며 그들의 마음속에 서서히 인간이나 우주인들에 대한 미움이 싹트기 시작했던 것이다.

　드디어 2710년에 안드로이드들이 대규모 파업을 결행했다. 그들의 파업은 곧 지구에 거주하는 모든 휴머노이드의 사회활동 정지를 의미했다. 그들은 지구에 거주하는 휴머노이드 대표들에게 자신들의 주장을 펼치며 협상할 것을 요구하게 되었다. 이전 세기에는 상상조차 할 수도 없는 상황이 벌어졌던 것이다. 노예계급에도 미치지 못하던 안드로이드가 이제 인간과 협상을 하게 된 것이다.

　하지만 그만큼 28세기의 안드로이드는 진화라고 부를 수도 없을 만큼의 급격한 발전을 했고 존재라는 의미에 한 걸음 다가서 있었다. 그들은 이미 자신들이 지니고 있는 존재의 무게를 인간에게 설득시키고 있었던 것이다. 그 협상은 안드로이드의 일방적인 승리로 끝났다. 그들은 지금까지 자신들에게 주어졌던 직무들을 단호하게 거부하겠다는 의사를 표명했다.

　상황이 그런 지경에 이르자 휴머노이드 대표부는 그들을 강제로 붙잡아둘 수 없었다. 휴머노이드 대표부는 10년간의 준비 기간 뒤에 안드로이드들의 수준에 맞는 행성을 마련해주겠다고 제안하여 협상을 타결시켰다. 10년 동안만 이전처럼 봉사한다면 그 후에는 완전한 해방을 주겠다는 약속을 한 것이었다.

안드로이드들에게는 자신들의 책무에서 해방되는 것 외에 또 한 가지 중요한 요구사항이 있었다. 그것은 자신들 모두에게 유성생식의 방법을 허락해달라는 것이었다.

말하자면 안드로이드도 인간과 똑같이 가정을 이루고 섹스를 통해 자손을 낳을 수 있도록 해달라는 것이었다. 생식에 종사하는 일부 안드로이드들은 이미 유성생식을 할 수 있는 능력을 갖추고 있었지만 대부분의 경우에는 그렇지 못했던 것이다.

모든 안드로이드가 생식능력을 갖추기 위해서는 인간의 허락이 있어야 했다. 그들의 유전자를 변환해줄 생산 시스템의 수정이 필요했으며 그 수정 프로그램의 열쇠는 인간이 갖고 있었던 것이다.

2720년대, 그들의 요구를 순순히 들어줄 수밖에 없는 상황에 이르자 지구인들은 안드로이드들의 요구대로 유성생식 능력을 갖추게 해준 뒤 원시행성을 찾아 지구를 떠나도록 허락했다.

안드로이드들은 지난 세기에 지구인들이 은하계 변방에 조성해놓았던 원시행성으로 이주하기 시작했으며 그곳에 자신들만의 보금자리를 만들기 시작했다. 동시에 안드로이드들은 수정된 생산 시스템을 통해 대뇌의 중심 부분인 간뇌에 마지막으로 남아 있던 중앙집중식 메카닉 생체회로를 제거하고 그 대신 완전한 바이오 세포로 이루어진 간뇌를 부여받음으로써 섹스를 통해 자식을 낳을 수 있게 되었다. 그리고 한걸음 더 나아가 자신들의 육체에도 영체가 깃들기를 바라기 시작했다.

새로운 행성으로 이주한 후에 태어난 제2세대 안드로이드들은 마침내 자신들의 소원대로 영체를 갖게 되었다. 인간과 마찬가지로 육체와 영체를 모두 갖춘 이상 그들을 더 이상 안드로이드라고 부를 수는 없었다.

호모 사피엔스로부터 유전자 체계를 이어받은 그들은 이 우주에서 하나의 개체로서 존재 형식을 갖게 됨과 동시에 거기에 따르는 권한과 책임도 부여받게 되었다. 그들도 하나의 개체로서 카르마 법칙을 받아들여야만 하게 된 것이었다.

다시 말하자면 안드로이드들도 선악과를 따 먹게 된 것이다. 그들의 몸에서도 이제 생체시계가 작동하게 되어 삶과 죽음을 맛보게 되었음을 의미한다. 즉 그들은 자기동일시를 하는 의식체로서 윤회를 할 수 있게 된 것이며 은하연맹의 생명체 기록부에 이름을 올리게 된 것이다.

안드로이드들이 지구를 떠난 것은 일종의 노예해방이자 동시에 새로운 인종의 탄생이라고 볼 수 있었다. 그들은 스스로 그것을 엑소더스라고 불렀다. 그리고 인류는 안드로이드들이 이끌어갈 삶에 간섭하지 않을 것을 약속했다.

2730년대에는 화성이나 목성의 위성 등 태양계 내의 제2 지구행성 기지에 있던 안드로이드들도 덩달아 엑소더스에 비견될 종족의 대이동을 시도했다. 안드로이드들이 하나의 행성에서 또 하나의 다른 행성으로 이주를 한 것이며 그와 동시에 이주해간 각각의 행성에서 행성민족의 조상이 되었다. 그들은 대부분 은하계 외곽에 있는 신생 행성에 정착했다.

그 행성들은 지난 세기에 그들의 주인이었던 지구인들이 인공적으로 생태환경을 조성해놓은 행성들이었거나 일부분은 이미 과거에 지성체가 살았던 곳으로 핵전쟁이나 기후변화 혹은 소행성 충돌로 인해 생태환경이 파괴된 채로 오랫동안 방치된 행성들이었다. 물론 이런 행성을 찾도록 주선해준 것은 역시 그들의 주인들이었다.

은하계 외곽행성으로 이주해간 안드로이드들은 그들을 실어다준 우주선이 떠나고 난 뒤에 그들의 신인 휴머노이드 지구인에 관한 이야기를 만들었다.

지구인에 관한 이야기들은 곧 〈신들의 신화〉라는 영역이 되어 후손들에게 전해지게 되었다. 안드로이드들은 자신들에게 자유와 정착지를 마련해준 휴머노이드 지구인 대표들을 자신들의 신으로 여기며 그에 대한 신화를 만들고 입에서 입으로 전했던 것이다.

호모 마이트레아스

안드로이드들이 떠나간 후 지구인들은 새로운 인종을 탄생시키려 했다. 새 인종의 탄생은 전 우주의 희망이었다. 물질의 법칙에 얽매이지 않는 인종—인류는 새로운 꿈을 꾸었다.

2740년, 지구 어느 곳에도 안드로이드는 남아 있지 않았다. 하부구조를 떠받치고 있던 세력들이 사라져버린 지구는 또 한번의 커다란 개혁이 필요했다. 안드로이드들이 지구를 떠나간 후 모든 기계류는 폐기되었다.

안드로이드와 자동화시스템 그리고 우주선 이 세 가지는 마치 솥의 다리처럼 하나의 체계를 이루는 데 필수불가결한 요소였다. 하지만 안드로이드들이 빠져나가면서 더 이상 이러한 체계는 유지될 수 없었다.

지구에는 18세기 산업혁명 이래로 가장 큰 개혁의 바람이 불기 시작했다. 인류는 컴퓨터 회로로 작동하는 모든 기계들을 폐기해버렸으며 아주 간단한 도구들만 남겨두었다.

지구상의 문명은 겉으로 보면 마치 석기시대의 원시문명으로 돌아가버린 것처럼 보였다. 지구 거주민들은 낯설게 변해버린 환경 속에서 처음에는 불편함을 느꼈지만 10여 년 정도의 적응기간이 지나면서부터는 그다지 불편함을 느끼지 않았다. 지구인들에게는 헥사고닉스라는 고도로 발달된 학문이 있었기 때문이다.

헥사고닉스는 고대의 마법사가 가지고 있던 마법지팡이와 같은 것이었다. 가장 간단한 도구들만으로도 인간은 아무런 불편 없이 생활해나갈 수 있었다.

헥사고닉스는 인간의 식생활도 바꾸었다. 재료만 있으면 요리의 과정이 필요가 없었기 때문이다. 하지만 사람들은 먹을 것에만은 마법을 쓰지 않으려고 했다. 아무런 인공적인 과정도 거치지 않은 음식을 먹고 싶어했던 것이다. 음식에까지 마법을 사용하여 공기 중의 에너지로 대체하게 되면 육체를 벗어버리고 싶은 충동에 사로잡히고 말 것이기 때문이었다. 육체를 벗어버린다는 것은 곧 죽음을 의미하는 것이며 다시 말하자면 지구를 떠나야만 한다는 것이기 때문이었다.

그렇게 될 경우 일부러 지구에 태어났거나 혹은 지구를 방문했던 원래의 목적에서 멀어지게 되는 상황이었으므로 육체가 존속하기 위해 가장 필요한 두 가지 행위인 먹기와 생식하기는 가장 자연스런 원시의 형태로 간직했다.

이런 이유 때문에 음식은 모두 과일로 대체되었다. 자연 상태에서 쉽게 채취할 수 있는 과일은 노동력이 가장 적게 드는 식량이었다. 길이나 집 주위에는 수백 종의 과일들이 언제나 풍성하게 열려 있었으므로 손만 뻗으면 얼마든지 따 먹을 수 있었다. 또한 그 과일에 담긴 정수를 재료로 삼아 정자와 난자를 생산하여 그것을 생식행위에 사용하기도 했다.

인류는 굳이 성적 욕망을 자신들의 육체에서 제거하려 하지 않았다. 육체를 온전한 상태로 존속하기 위해서는 성욕도 필요하기 때문이었다. 그러나 이전처럼 성욕이 욕망의 굴레는 아니었다. 오히려 인류는 성욕을 완전한 명상의 수단으로 삼을 수 있었다.

인류는 섹스를 통한 오르가즘을 초의식 상태로 유지했다. 그들이 느꼈던 오르가즘은 과거 호모 사피엔스들이 느꼈던 엑스터시와는 차원이 달랐다.

그들의 오르가즘은 은하계 의식을 초월할 정도의 차원이었으며 우주의식을 넘나들 수 있는 하나의 문(門)이었다. 또한 유전자 결합이라는 주요한 과제가 남아 있었기 때문에 아무나 섹스 상대로 정하지는 않았다. 사람들에게는 섹스 외에도 서로의 에너지를 교환할 수 있는 방법이 얼마든지 있었던 것이다.

모든 기계장치를 폐기처분했기 때문에 새로운 생명을 탄생시키기 위해서는 섹스가 절대적으로 필요했다. 또한 사람들이 그때까지 유일하게 품고 있던 하나의 강력한 사명감이 있었는데, 그것은 기계문명으로는 완성할 수 없는 것이었으며, 오직 영적인 차원으로서 자신들의 육체만를 통해 특수한 인종을 낳고 번식시키는 것이었다.

그것은 전 우주적인 희망이었기 때문에 새로운 인종의 탄생을 위해 은하연맹 차원의 의욕적인 프로젝트가 시행되기 시작했다. 이 프로젝트는 '우주연맹 인종'이라 부를 수 있는 새로운 지성체의 창조에 총력을 기울이는 것이었다.

다시 말해 모든 휴머노이드의 유전자 중에서 가장 뛰어난 특질을 이용해서 휴머노이드 두뇌의 잠재력을 충분히 발현시킬 수 있는 인종을 만들어내는 것이었다. 그리하여 다음 세기인 29세기 초에는 소위 '호모 마이트레아스'의 탄생을 기대하게 되었다.

여기서 호모란 휴머노이드의 대명사이며 마이트레아스는 미래의 지구에 오리라고 고대 경전에 예언되었던 새로운 차원의 붓다를 의미하는 산스크리트어로서 다른 언어로는 '미륵' 혹은 '메시아' 혹은 '멜키세덱' 등으로 번역되어 쓰이기도 했다.

그것은 이미 오래전에 설립된 지구를 향한 우주연맹의 최종 계획이었고 또한 지구에서도 이미 예언된 일이었다.

우리의 은하계가 속해 있는 은하단 중에서 주로 수행자들의 영혼이 거주하고 있던 수행 행성들이 많은 곳은 안드로메다 은하계였다.

안드로메다는 우리 은하계가 속한 은하단에서 수도 역할을 맡고 있는 가장 상부의 은하계이며 이 상부 은하계의 지시를 받아 우리 은하계를 감독하고 주시하는 역할을 맡은 위성은하가 바로 대마젤란 은하였다.

이 은하는 우리 은하계의 위성은하이긴 했지만 우리 은하계보다 좀 더 진화된 영체들이 머무는 은하였으며 안드로메다의 지시를 직접 받아 우리 은하계의 진화를 감시·감독하는 임무를 띠고 있다.

안드로메다 은하계에는 태양보다 더 큰 행성들이 존재했다. 그 행성에는 수행을 위주로 하여 정신의 끝없는 진화를 꾀하는 고도의 영체들이 살고 있는 곳이었다.

그곳에서 많은 영체들이 짧게는 수천 년, 길게는 수만 년 동안의 칩거를 끝내고 호모 마이트레아스로 환생하기 위해 대기하고 있었다. 그 존재들은 한 은하계 전체에서 가장 고차원의 의식을 지니고 있는 지성체 중에서 특별히 육체를 입어야 할 필요성을 느끼고 있는 존재들이었다. 호모 마이트레아스의 뇌세포 성장에 따른 분열 방식은 이전의 어떤 휴머노이드도 소유하지 못한 것이었다.

엄청난 영적 힘을 지닌 존재가 육체에 머물 때 나타나는 육체와 영체와의 에너지 차이를 극복하기 위해서는 그때까지와는 파장을 달리하는 세포 합성체가 필요했던 것이다. 그것은 3차원과 4차원을 넘나들 수 있을 정도의 잠재성을 지닌 세포를 말한다.

따라서 차원을 달리 하는 융통성 있는 몸이 탄생되기 위해서는 물질의 연금술인 헥사고닉스와 정신공학의 결정체인 헵타고닉스가 조화롭게 합일된 학문이 필요했다. 그 학문을 이름하여 사람들은 디비니틱스(신성학)라고 불렀다. 이 디비니틱스는 두뇌의 발달을 통해 터득할 수 있는 것이 아니었다. 그것은 가슴에서 우러나오는 직관의 영성을 통해서만 이룰 수 있는 학문이었다. 즉, 그것은 영체의 연금술인 셈이었다.

이런 세포로 구성된 몸은 어떠한 독물이나 병균에도 해를 받을 수 없는 완벽한 몸이었다. 사람들은 그 몸을 가리켜 영화로운 몸이라고 불렀다. 하지만 이 몸체에도 한 가지 한계가 있었는데 그것은 일반적인 유성생식 능력을 갖추지 못했다는 것이다. 따라서 이들은 자식을 낳을 수가 없었다. 생식을 통해 자식을 낳는다는 것 자체가 물질의 법칙에 얽매인다는 뜻인 것이다.

마이트레아스의 생김새는 그들의 부모 유전자가 아니라 그 몸의 주체가 되는 영의 개성에 따라 정해졌다. 28세기 말부터 지구 인종은 또 한 번의 변신을 하게 되고 그때 지구는 호모 마이트레아스의 양육장으로 변하게 되었다.

마이트레아스라는 존재를 만들기 위해서는 그 부모가 붓다의식에 도달해야만 했다. 하지만 그러한 붓다의식에 도달하는 것이 쉬운 일은 아니었다. 붓다의식은 완전한 사고의 멈춤 다시 말해 무념의 경지에 들어갈 수 있어야 가능했는데 사고력이 극도로 발달해 있는 지구인들이 사고를 완전히 멈춘 상태를 유지한다는 것은 살아 있으면서 죽음을 체험하는 것과 같은 역설이었다.

역설적이지만 결국 지구인들은 가장 원시적이고도 자연적인 방법을 사용했는데 성을 통한 궁극의 엑스터시 상태가 바로 그것이었다. 그러한 엑스터시 상태를 유지하고 수용할 수 있는 의식의 수준에 이를 때만이 고도의 지성체인 창조자급 영들을 그들의 수정체로 초대할 수 있기 때문이었다.

당시의 지구에 거주하고 있던 휴머노이드들은 주로 세 가지 일에만 몰두했다. 먹는 일과 성행위 그리고 소마의 환각작용을 통해 자신의 정신을 정화하는 것이었다. 이 세 가지 일은 결코 어떤 개인의 이기적인 행위가 아니었으며 은하계 전체의 운명과 밀접하게 연결되어 있는 일이었다.

인간 컴퓨터, 휴머타트

휴머타트의 뛰어난 능력을 앞세워, 인간들은 창조주를 찾기 위한 우주여행을 떠났다. 인류는 과학의 힘으로 불가능했던 모든 것을 인체를 이용해 이루려 했다.

2750년대에 발생한 또 한 가지 중요한 사건은 시스템을 폐쇄한 후 처음으로 지구인 및 지구에 머무르는 휴머노이드들 스스로 은하계 밖을 여행할 수 있는 방법을 발견한 것이었다.

그들은 시스템의 계산법을 빌리지 않고 휴머타트라는 인간 컴퓨터의 능력을 빌렸던 것이다. 휴머타트는 아라핫투스들 중에서 가끔 돌연변이를 일으켜 태어나는 존재들로서 대뇌 잠재력의 50퍼센트 이상을 사용할 수 있었기 때문에 다른 어떤 인종보다 대뇌의 능력이 뛰어났다.

휴머타트의 계산능력과 추론능력 그리고 공간지각력은 엄청난 것이었다. 다차원 간에 존재하는 웜홀 즉 타임터널들을 모두 계산해서 중간에서 길을 잃지 않고 은하계 내부는 물론이고 우리 은하단 내부의 갖가지 크고 작은 다른 은하계들을 방문할 수 있었다. 이는 당시의 은하계에 존재하는 어떤 컴퓨터도 해낼 수 없는 능력이었다.

컴퓨터가 어떤 계산을 하기 위해서는 입력된 값이 필요했지만 그 정확한 입력치를 얻을 수 없는 것이 걸림돌이었다. 그러나 휴머타트들은 자신들의 유전자에 새겨진 분자배열 방식에서 직관을 통해 그러한 모든 계산을 끌어낼 수 있었다.

휴머타트의 활용을 통해 지구에는 대규모의 외은하계 탐사단이 구성되었다. 이 탐사단에는 지구인뿐 아니라 휴머노이드계 각 성단그룹의 지도부와 은하연맹 대표들이 모두 합류했다.

그 탐사여행에는 두 가지 목적이 있었다.

첫째는 지성체나 생물체가 살지 않는 신생 은하계를 골라 그곳에서 자신들이 주체가 된 생명창조 작업을 하기 위해서였다.

둘째는 당시의 은하계에서 육체 진화의 궁극이라고 할 수 있는 마이트레아스의 영혼들이 지구상의 육체에 쉽게 깃들 수 있는 통로를 정비하기 위한 것이었다.

이런 목적을 이루기 위해서는 우리 은하계보다 영적 수준이 훨씬 더 높은 지성체들과 대면하여 그 답을 얻어야만 했던 것이다.

이 여행이 실현되기 위해서는 새로운 개념의 우주선이 필요했다. 은하연맹에서는 컴퓨터 체계가 아닌 휴머타트가 조종하는 우주선을 건조했다. 지구에서는 이미 모든 기계 시스템을 제거했으므로 그런 작업이 불가능했기 때문이다.

2770년 드디어 휴머노이드 탐사단은 지구를 출발하여 전에는 스스로의 힘으로는 한 번도 갈 수 없었던 여행을 시작했다. 이 여행은 어떤 사전정보나 지식 없이 오직 직관과 추론 그리고 경이로울 정도의 완벽한 계산능력을 지닌 천재들이 이루어낸 것이었다.

한 장의 지도를 만들기 위해 아무도 가보지 못한 길을 따라 여행을 떠나는 모험가들처럼 자신들 앞에 어떤 위험이 놓여 있는지도 전혀 모르는 채 끊임없이 펼쳐지는 타임터널을 통해 그것이 닿는 은하계마다 방문하는 것이었다. 그것은 물질이 아무런 밀도(密度)의 구분도 없이 분포되어 그저 불규칙하게 운동하고 있는 완전한 혼돈 상태로 여행하는 것이었다.

탐사단은 그 후로 20여 년 동안 은하계 외부 공간을 돌아다녔지만 우리 은하단 속에서 우리 은하계의 휴머노이드를 창조한 부모의 존재들을 직접 만날 수는 없었다. 그 대신 대부분의 은하계에 지성체들이 살고 있다는 것을 확인할 수 있었다. 그러나 탐사단이 발견한 지성체들이 반드시 물질 차원의 육체를 가지고 있는 것은 아니었다. 오히려 대부분 영체 차원으로 존재하고 있었다.

물질 차원의 육체를 갖고 있는 경우일지라도 인류와 같거나 비슷한 유전자 체계를 갖고 있는 지성체는 하나도 없었다. 그들은 우주시민이 갖추어야 할 상대방에 대한 배려를 보여주었으며 편견을 주장하지 않고 무엇이든지 수용하려는 자세를 가지고 있었다. 그것만이 우주에서 서로가 서로를 우호적으로 마주할 수 있는 유일한 방법이었다.

우주의 지성체들은 존재 방식이나 진화 방식이 우리와 너무나 달랐기 때문에 서로를 이해할 수 있는 공감대가 전혀 없었다. 다시 말해 하나의 창조주에게서 나온 작품이라고 볼 수 없었던 것이다.

결국 우리는 우리의 부모들을 만나야 했다. 그 만남은 얼굴과 얼굴을 대면할 수 있는 만남이어야 했으며 종교적인 신탁에 의한 만남은 아니었다. 결국 우리 은하계는 상부 은하계인 안드로메다의 도움을 요청할 수밖에 없었다.

안드로메다의 도움으로 더 이상 지구인을 비롯한 은하연맹의 휴머노이드들은 고아처럼 우리 존재의 근원을 찾아 헤매지 않아도 되었다. 사실 그 전에도 안드로메다의 도움이 없었던 것은 아니었다. 하지만 그것은 부분적인 문제 해결을 위한 것이었을 뿐 우리 은하계에 살고 있는 휴머노이드들을 창조한 창조주를 직접 만나는 데 필요한 도움은 받지 못했던 것이다. 사실 우리의 창조주를 만나기 위해서는 매개자의 중재가 필요했는데, 안드로메다 은하계 성인들이 그러한 중재 역할을 했던 것이다. 그러나 안드로메다의 도움으로 인류가 만나게 된 존재들도 창조주는 아니었다. 단지 그들은 창조주에 이르는 중간 단계의 존재들이었으며, 창조주로부터 직접 우리 은하단 전부를 관리하는 임무를 부여받고 있었다.

사실 우리 은하계의 지성체들이 힘써온 자신들 존재의 근원을 찾으려는 노력은 100만 년이라는 실로 오랜 세월 동안 계속돼온 것이었다. 그토록 오랜 시간이 필요했던 것은 인간이 발명해낸 컴퓨터화된 우주선으로 그런 여행을 시도해왔기 때문이었다. 다시 말해 과학적 방법만으로는 그곳에 접근할 수 없는 것이었다. 명상 수행을 통한 의식의 고양이 우주가 요구하는 수준에 이를 때에만 과학을 초월할 수 있도록 프로그램되어 있었던 것이다.

우리 은하계가 만들어지기 전에 다른 은하단에서 과학의 힘만으로 자신들의 은하단을 초월하려는 시도가 이루어졌었고, 그것으로 결국 유기체의 멸망과 함께 기계체들만이 살아남는 선례가 있었기 때문에 알 수 있었다. 그 기계체문명은 다른 은하단에서는 하나의 큰 문젯거리가 되고 있었다. 그것들은 자신들의 은하단을 넘어서 다른 은하단으로 세력을 펼쳐가고 있었다. 다행히도 우리 은하단만큼은 그런 문제가 아직 심각하지는 않았다.

과학의 힘이 아닌 정신의 힘으로 할 수 있는 초우주적 여행은 오직 영혼을 지닌 생체의 내부에 새겨진 암호를 해독해야만 가능한 것이었고 휴머타트라는 인간 컴퓨터의 출현으로 그 일이 실현되기에 이른 것이다. 그래서 은하연맹은 그토록 오랜 기간 동안 휴머타트를 만들기 위해 지구인들을 진화시켜왔던 것이다.

밝혀지는 비밀들

지구는 인종 실험장이었다. 순수하게 진화하지 못하는 인종은 의도적으로 멸종되었다. 인류는 우주를 존속시킬 의무에서 벗어나기 위해 창조된 것임이 밝혀졌다.

과거의 지구는 사실상 인종 실험장이었다. 역사시대에 진입하기 직전의 대홍수 사건뿐만 아니라 그 전에도 지구의 인류는 여러 차례 멸종당한 흔적이 있다. 그리고 그런 멸종은 결코 지구 생태계 변화로 인한 자연적인 과정이 아니었다. 그것은 정확하게 의도된 계획적 멸종이었다.

호모 사피엔스들이 출현한 후에도 지구는 빙하기라는 과정을 거치면서 필요한 유전자 외에는 모두 폐기처분당했던 것이다. 짐승들과의 혼교를 통해 인간 유전자에 야수성이 들어갈 경우에는 핵폭발과 같은 방식으로 그 집단 전체를 몰살시키는 경우도 있었다. 그 이유는 순수하지 못한 유전자 체계로는 창조주가 의도한 인류의 진화가 불가능했기 때문이었다.

일련의 유전자 특성을 지닌 순수한 인간들이 자리를 잡은 뒤부터는 더 이상 계획적인 멸종은 일어나지 않았다. 그 시기를 지구에서는 역사시대의 시작이라고 불렀다. 그 이전 시대의 역사는 모두 의도적으로 지워졌던 것이다.

실로 기나긴 시간이 지나고 28세기에 드디어 은하연맹의 오랜 노력이 결실을 보게 된 것이다. 그것이 바로 호모 아라핫투스의 돌연변이인 휴머타트였다. 은하연맹은 이제 그 결실에 힘입어 우리 은하계를 벗어날 수 있었고 자신들의 근원을 만날 수 있는 길을 찾게 된 것이었다. 드디어 은하계의 휴머노이드들을, 이 우주에서 철이 든 존재라고 말할 수 있게 된 것이다.

자신의 근원을 모르는 인종은 아무리 뛰어난 능력을 갖고 있다 할지라도 진정한 진화를 했다고 볼 수는 없는 것이 이 우주에서의 관습이다. 우리 은하계의 부모들을 만날 수 있는 길을 알아낸 이후 우리가 이 은하계에 어떻게 해서 존재하게 되었는지에 대해서도 알 수 있다는 기대감이 생기게 되었다. 안드로메다 성인들의 도움으로 알게 된 내용이란 다음과 같은 것이었다.

은하계에 휴머노이드가 창조된 이유는 휴머노이드를 창조한 존재들이 자신들에게 주어진 임무, 즉 우리 은하계의 모든 생명체들을 관리하고 거기에서 발생하는 생명 에너지를 적절히 분배하여 계속해서 우주를 존속시킬 원동력을 생성하는 일에서 벗어나고자 했던 것이다.

그들은 휴머노이드란 걸작품을 탄생시킴으로써 그 임무에서 자유로워질 수 있었고 행위자의 입장에서 방관자의 입장이 된 것이며 그 덕분에 비로소 신의 위치에 올라서게 되었다.

우리 휴머노이드의 조상들은 자의식이 생겨나기 시작하면서부터 자신들의 운명을 따르지 않고 과감히 부모의 품을 떠났던 것이다. 그리하여 휴머노이드는 지금의 이 은하계에 와서 자리를 잡고 자신들만의 삶을 독립적으로 살아가기 시작했던 것이다.

그것은 우리의 창조주들이 바라는 바였고 마찬가지로 이제 와서는 우리 역시 우리의 안드로이드들에게 바라는 바이기도 했다.

결국 우리 휴머노이드들 역시 신이 되고 싶었던 것이다. 임무라는 당위의 차원을 벗어나 그저 한없이 즐기고자 하는 유희의 차원으로 들어가고 싶었던 것이다. 하지만 거기에 도달하기 위해서는 하나의 관문을 통과해야만 했다.

그것은 '궁극의 깨달음'이라는 관문이었다. 그 관문은 피조물의 영혼에 있어서는 완전한 죽음처럼 보이는 것이었다.

어떤 의미에서 인류는 완전한 죽음을 소망하는지도 모른다. 그 죽음만이 완전한 안식을 보장하기 때문일 것이다. 하지만 우주가 생성된 이후로 완전한 죽음이란 단 한 번도 존재하지 않았다. 단지 죽음과 비슷한 영원한 안식과 무행위, 즉 무위만이 있을 뿐이었다.

그리고 그 무위 속에서 우주의 소멸을 기다리고 있는지도 모른다. 그리하여 다음 세기인 29세기는 아티샤 플래닛인 지구 거주민들이 그 무위의 경지에 도달하려는 노력을 한층 더 기울이게 된다. 호모 마이트레아스라는 가공할 위력을 가진 존재를 기다리면서 말이다.

하지만 이 모든 것이 직접 우리의 부모 신들을 만났기 때문은 아니었다. 단지 우리보다 앞서 있는 존재들의 가르침을 통해서일 뿐인 것이다. 따라서 우리 휴머노이드의 내부에는 아직도 의문의 뿌리가 완전하게 해소되지 않은 채로 남아 있었다.

∞

28세기에는 휴머노이드계에 적용되는 진화의 구조가
명확하게 모습을 드러내고 있다.
안드로이드가 자기 존재에 대한 회의를 시작하고,
조물주에게서 독립을 쟁취해내는 것으로
진화의 초기 단계를 지나고 있다면,
태생의 근원으로 도달하려는 휴머노이드들은
그 후반 단계에 와 있는 것이다.

인류는 거듭되는 진화의 과정 속에 있다.
의식할 수도 경험할 수도 없는
시공간 속에서 일어난 사건들에 대한 기억을 가지게 되는 것도
그 때문이다.
인류는 또한 그것들을 여러 가지 기호를 통해 남겨
후세들이 습득하게 해두었다.
당신에게 나의 기억을 타전할 수 있는 것도
당신 역시 그런 기억을 가지고 있거나,
여러 종류의 기호들을 통해 습득하고 있기에 가능한 것이다.

8

당신이 이런 기억과 기호들을 습득하기까지는
수많은 시간이 필요했다.
이미 말했듯이 지구 인류는
역사시대에 진입하기 전에 이미 여러 차례 멸종당했다.
최고의 능력을 지닌 휴머노이드는
종의 순수성을 보유하고 있는 유전자의 진화를 통해
이루어져야 했기 때문이다.
그리고 바로 그 장구한 시간의 터널 속에서
진화의 한 과정을 밟고 있는 호모 사피엔스가 바로 당신이다.

휴머타트는 진화의 과정에서 물질 차원의 육체를 가진 휴머노이드 중
가장 진화된 종이라 할 수 있다.
지구 인류는 그들의 탄생 이후에야
자신들의 창조자를 찾아 은하계를 넘을 수 있었다.
그러나 휴머타트는 지구 인류가 호모 사피엔스 진화기를 거친 후에야
비로소 태어날 수 있는 휴머노이드다.
돌연변이를 통해 태어나긴 했지만
휴머타트의 모체인 호모 아라핫투스가
호모 사피엔스의 진화 모델이기 때문이다.

∞

각 휴머노이드의 정체성은 엄청난 차이가 있지만
처음 창조자가 불어넣은 종의 유전자는
면면히 보존되어 있는 것이다.

당신이 살고 있는 시대의 과학을 이용해
태초의 시간 혹은 내가 살고 있는 시간대로 들어오는 일은
불가능하다.
그러나 당신의 정신으로 물질인 몸의 장애를 뛰어넘을 수 있다면,
스스로 떨어져 나온 모태를 찾아 떠나는
고독하고 막막한 여행을 두려워하지 않는다면,
당신은 그곳으로 통하는 시간의 입구를 발견할 수 있을 것이다.
그곳에 이르는 지도는 당신 안에 숨겨져 있다.
당신이 바로 은하계에 존재하는
다차원의 타임터널 지도를 찾아낸 휴머타트의 조상이므로.

29세기
The twenty-ninth Century

—

타임터널 지도를 완성하다

인류는 은하계 여행을 멈추지 않았다. 우주의 중심을 찾기 위해 그리고 창조주를 만나기 위해. 새로운 은하계에 생명체를 이식하기 위한 노력 역시 꾸준히 이루어졌다.

2810년, 우리 은하계의 휴머노이드계 대표들은 우리 은하단에 거주하는 모든 존재들의 영적 스승이자 안내자인 안드로메다 성인들을 만난 이후로도 은하계 여행을 멈추지 않았다.

안드로메다 성인들의 몸은 정해진 어떤 형체도 갖고 있지 않았다. 그들의 몸은 유동적인 에테르체로 이루어져 있었고 자신들과 만나는 생물체들의 모습을 그대로 흉내낼 수 있었다. 따라서 우리 휴머노이드들은 그들을 대할 때마다 자연스럽게 친근감을 느끼고 있었다. 마치 우주를 창조한 신들의 대리자인 이들이 휴머노이드라고 믿게 될 정도였다.

그러나 형상의 입장에서 보았을 때 신들과 휴머노이드는 아무런 관련이 없었다. 휴머노이드의 형상이란 수천수만 가지 아니 더 많은 형체들 중 하나일 뿐이며 그것이 이 우주의 본래 형상과는 별 상관이 없다는 점을 이미 알고 있었지만 그 사실이 뇌리에 깊이 새겨지지 않았던 것이다. 그것은 안드로메다 성인들이 휴머노이드들 앞에 나타날 때마다 언제나 완전한 휴머노이드의 형체를 띠고 나타나 주었기 때문이다.

우리 휴머노이드가 초은하단 내부로 계속 여행을 했던 이유는 우리 은하계와 비슷한 조건이지만 아직은 지성체가 거주하지 않는 은하계를 찾기 위해서였다. 이런 여행을 해나가는 과정에서 휴머노이드들은 우주의 구조와 그 지리(지리보다는 천리라고 해야 옳겠다)에 대해 알게 되었다.

29세기 초에 이르렀을 때까지도 우리 은하계가 우주의 어느 부분에 위치해 있는지에 대해서조차 잘 알 수가 없었다. 하지만 은하단을 벗어나 초은하단을 여행하면서 은하연맹에서 제공한 최고도로 발달된 관측기구를 통해 여러 가지 귀중한 사실들을 확인할 수 있었다. 그것은 지도를 작성하고, 그 지도를 사용하여 실제 항해를 무사히 떠날 수 있을 때 지도에 대한 확신이 생겨나는 것과 같은 이치였다.

우리 은하단이 위치한 곳은 둥근 공처럼 생긴 우주의 가장 외곽에 해당되는 곳이며 우리는 이론적으로는 우주의 반대편에 갈 수 있는 방법을 발견했다(하지만 그것을 31세기인 지금까지도 실현시키지 못했다. 조만간에 그 꿈이 실현되리라고 믿고 싶을 뿐이다). 문제는 어떻게 하면 우주라는 구체의 중심으로 들어갈 수 있느냐 하는 것이었다.

248

2820년대에 지구인을 비롯한 은하연맹 휴머노이드들은 우리 은하계가 속한 초은하단을 중심으로 우주 고속도로를 만들기 시작했다.

물론 그 거대한 역사는 단기간에 마칠 수 있는 일이 아니었다(31세기에는 초은하단 내부만큼은 고속도로 건설을 완전히 마쳤지만 각각의 초은하단 사이의 연결 고속도로를 정비하는 일은 지금도 계속되고 있다).

우주 고속도로를 개설한다는 것은, 은하단에서 생물이 거주하지 않는 어떤 은하계를 찾아서 하나의 게이트로 만든 다음 그 게이트를 통해 우주 창조 초기에 형성된 타임터널을 서로 연결하는 일이었다.

하나의 은하계에 특수한 방법—그 은하계에서 중심이 되는 가장 큰 행성들 몇 개를 동시에 폭발시키는 것—을 사용하면 거기에는 우르그레이홀이 생겨난다.

예를 들면 우리 은하계에는 두 개의 위성은하가 있다. 하나는 대마젤란 성운이고 또 하나는 소마젤란 성운이다. 여기서 소마젤란 성운이라 불리는 은하는 그 규모가 작아서 성운이라고 불리지만 본래는 그것 역시 하나의 은하계로서 특수한 역할을 하기 위해 인공적으로 정비된 하나의 홀인 것이다. 이것은 아주 오랜 옛날 안드로메다 은하계에서 우리 은하계에 빨리 도달하기 위해 만들어놓은 하나의 게이트였다.

안드로메다 성인들의 조언에 힘입어 휴머노이드들은 오랜 탐사여행 끝에 드디어 우리가 찾던 은하계를 발견할 수 있었다. 우리 은하계로부터 약 5천만 광년 정도 떨어진 곳에 우리가 찾던 은하계가 존재하고 있었던 것이다. 사실 5천만 광년이라면 이미 우리 은하단을 벗어난 거리였지만 우리 은하단과 우리 은하단이 속한 초은하단 사이에는 거리의 구분 외에는 어떤 경계선도 존재하지 않는다는 사실을 알게 되었다.

당시에 이미 우리 휴머노이드 대표부는 우리 은하단을 벗어나서 초은하단을 여행하고 있었던 것이다. 초은하단의 크기는 지름이 수억 광년에 이르는 것으로 수만 개의 은하계가 모여 있었다.

한편 지구인들이 오랜 여행 끝에 찾아낸 은하계는 그 직경이 우리 은하계의 절반 정도였으며 중심부의 두께는 우리의 것과 비슷한 크기로 불규칙한 나선형을 하고 있었다. 나이는 우리 은하계보다 훨씬 어린 상태였고 별의 숫자도 그리 많지 않았다. 그때부터 모든 방면에 걸친 조사를 시작했지만 방대한 은하계 내부를 하나하나 조사한다는 것은 그리 쉬운 일이 아니었다.

또한 우리의 전파에 곧바로 회신을 줄 만큼 발달한 지성체가 그곳에 없다고 해서 아예 지성체 자체가 존재하지 않는다는 결론을 내릴 수도 없었다.

휴머노이드 대표부는 세부적인 조사를 시작하기 전에 먼저 휴머타트들로 하여금 은하계 내부의 타임터널인 웜홀부터 계산하고 그에 대한 지도를 만들도록 했다. 은하계 내부의 타임터널 지도가 완성되고 나서는 은하계를 12개의 지역으로 나누고 각 탐사단도 12개로 나누어 각각의 지역을 우리 은하계 성단그룹에 하나씩 배정했다. 동시에 각 성단그룹에서 책임지고 자신들이 맡은 지역을 샅샅이 조사하도록 했다. 그 조사는 지구 시간으로 약 30년이 걸렸다.

그렇게 철저한 조사를 마친 후 2840년대에는 완전한 결론을 내릴 수 있었다. 드디어 새로운 은하계로 생명체를 이식하기 위한 준비가 시작되었다.

　제일 먼저 해야 할 일은 우리 은하계와 자식 은하계 사이에 소마젤란 성운이라는 게이트를 거치지 않고 교통할 수 있는 직통 웜홀을 정비하는 것이었다.

　은하계 내부에서의 웜홀 통과는 거의 시간이 걸리지 않았다. 그러나 은하계와 은하계 사이를 건너뛰기 위해서는 특별한 타임터널을 정비하는 작업이 필요했으며 아직도 휴머노이드의 힘으로는 그러한 타임터널을 만들어내는 것이 불가능했다.

　결국 타임터널을 만드는 작업은 우리의 상부 은하인 안드로메다 성인들로부터 도움을 받아 실행했다. 그들의 도움이란 단순한 정보가 아닌 하나의 학문체계였는데 그것은 우리 은하계에 존재하는 가장 차원 높은 학문인 디비니틱스를 초월하는 학문이었다. 다시 말해 타임터널을 구축하기 위해서는 9차원공학이 필요했던 것이다.

　6차원공학인 헥사고닉스와 7차원공학인 헵타고닉스를 하나로 아우르는 학문을 편의상 디비니틱스라고 불렀는데 그것은 8차원공학인 옥타고닉스의 다른 이름에 해당되었다.

　여기서 중요한 사실은 9차원공학은 8차원공학의 연장선에 있는 학문이 아니라는 것이다. 그 둘 사이에는 완전한 단절이 있었다. 따라서 외부의 도움 없이는 이 우주에서 8차원공학까지 진화한 지성체들이 스스로 9차원공학으로 넘어갈 수 없었다. 반드시 외부의 도움이 필요했다.

안드로메다 성인들의 도움으로 알게 된 바에 따르면 이 우주에는 12차원공학까지 존재한다고 한다. 물론 더 높은 차원의 학문이 있는지에 대해서는 알 길이 없다.

이 사실도 우리의 스승급에 해당되는 존재들로부터 전해들은 것일 뿐이다. 그리고 9차원 이상의 학문에 대해서는 우리의 개념을 완전히 초월한 것이었기에 상상조차 할 수 없었다.

단지 9차원공학 이상의 학문은 무에서 유를 창조한다는 의미에서 창조공학 즉 크리에이닉스라고 통칭하고 있을 뿐이었다. 그리고 편의상 우리들은 9차원공학을 트란센덴탈리닉스라고 불렀다.

트란센덴탈리닉스를 활용하면 은하계 하나를 폭발시키지 않고도 우리 은하계와 자식 은하계 사이에 직통 타임터널을 정비할 수 있었다. 그러나 그 직통 타임터널은 여러 개의 터널이 연계되어 있는 도로망에는 이어질 수가 없었고 오직 하나의 통로만이 존재할 수 있었다. 그리고 그것을 통과하는 데는 빛의 속도를 기준으로 휴머노이드 생체시계로 따져서 1년 이상의 시간이 걸렸다.

타임터널 밖에서 계산하면 시간이 걸리지 않지만 내부에서 그토록 긴 시간이 걸리는 것은 수십 차례의 차원 변환을 반복해야만 그 타임터널을 제대로 통과할 수 있기 때문이었다.

그리고 어떤 은하계라도 9차원공학에 의해 에너지를 사용했을 경우 하나의 은하계와 다른 은하계를 연결하는 게이트를 만들 수 있었다. 따라서 은하연맹의 연맹회의를 거쳐 안타레스 항성계를 그 게이트로 삼기로 결정했다.

새 생명체를 창조하다

새로운 은하계를 개척한 인류는 스스로 생명을 창조해냈다. 인간과 비슷한 생물체를 만들어 네오 안드로이드라 부르고 그들에게 영혼이 깃들어 지성체가 되기를 기다렸다.

우리 은하계에는 목동좌의 아르크투루스 항성계 근처에 그런 게이트가 하나 있었다. 바로 그 게이트를 통해 비이스트 시스템이 우리 은하계로 들어왔었으며 또 퇴주했던 것이다.

26세기 중반에 그들을 섬멸하고 난 후에 은하연맹은 대마젤란성운 성인들의 도움을 받아 그 게이트를 영구히 폐쇄해버렸다. 다시는 그런 존재들이 우리 은하계로 들어오지 못하도록 하기 위한 조치였다.

안타레스 행성계를 게이트로 선택했던 이유는 특수 안드로이드들을 제외하고는 그곳에 어떤 지성체도 살고 있지 않았기 때문이었다. 안타레스 행성계를 게이트로 삼는다는 것은 우리 은하계에서 안타레스라는 행성이 영원히 사라진다는 것을 뜻한다. 그러나 우리 은하계에는 안타레스만한 중력과 크기를 가진 행성이 그리 많지 않았다.

안타레스는 고대의 지구 경전에 나오는 예언대로 그곳에 사는 존재들과 함께 영원히 우주에서 사라지게 되었다. 2850년대의 어느 날, 드디어 안타레스 행성계는 수축폭발과 함께 은하계 게이트를 형성하면서 이 우주에서 사라지고 말았다.

그곳에 살던 안드로이드 전사들은 다른 행성으로 이주하는 것을 기꺼이 거부한 채 그 항성계와 함께 장렬하게 최후를 맞이했다. 그들은 자신들의 소멸을 하나의 축복이자 영광으로 여겼던 것이다.

그들의 몸은 전투용으로 만들어진 생체기계였으므로 수명의 한계가 없었고 전쟁시대도 아니었기에 외부적인 파괴가 없다면 소멸될 계기가 없었다. 따라서 그들은 더 이상 존재의 의미를 느끼지 못했으며 이번 기회야말로 대우주와 연결되는 진정한 소멸을 장엄하게 맛볼 수 있는 무척 드문 기회라고 생각했다.

이제 100만 년 동안이나 존속해왔던 그들의 존재를 이 우주 어디에서도 찾아볼 수 없게 되었다. 한때 중세 지구인들은 신화에 등장하는 그들을 악마라고 부르며 신보다 더욱 두려워했던 적이 있었다. 하지만 그 공포는 진화되지 못한 인간의 무지와 전설에 대한 오해가 낳은 산물일 뿐이었다.

은하전쟁 당시 가공할 위력을 발휘한 그들은 전쟁이 끝나자마자 곧 칩거에 들어갔다. 그리고 약 100만 년 후, 지구인과 비이스트 시스템과의 전쟁에서 마지막으로 과거의 용맹함을 다시 한 번 발휘했던 것이다.

전투를 위해 창조된 존재들, 그들은 은하계 여러 행성에 위대한 악명의 전설을 남겼다. 아마도 전투에 관한 한 그들만큼 효율적으로 만들어진 생체로봇은 우리 은하계에 다시 없을 것이다.

새로운 은하계에 생명체를 이식하기 위한 첫 번째 일은 은하계 사이에 타임터널을 만드는 것이었다. 안타레스의 폭발로 게이트가 형성된 다음 곧바로 착수한 두 번째 프로젝트는 각 성단그룹의 지도부들이 자신들에게 부여된 성단에서 바다와 대기권이 형성된 1만여 개의 행성을 찾아내 그곳에 수중생물과 원생생물을 이식하는 작업이었다.

이식될 생물들은 단백질 유기체가 아니었다. 그것은 새로운 고분자

유기화합물로서 호기성 생물체도 아니었다. 생명체 창조행위 역시 9차원공학인 크리에이닉스를 사용해야 가능했다. 그렇지 않고서는 아무리 간단한 생명체라도 창조할 수가 없었다.

세 번째 프로젝트는 두 번째 작업이 완료된 후에 각종 식물군과 동물군을 이주시키는 것이었다. 그것들은 모두 새로 조성된 원생생물의 유전자를 기본구조로 하여 만들어진 생물체들이었는데 각 성단마다 할당된 종류가 모두 달랐다. 어떤 생물체가 마지막까지 살아남을지, 또 계속 진화하여 그 행성을 주도하게 될지는 전혀 알 수 없었다.

이러한 작업에 우리 은하계에 존재하는 비휴머노이드계 지성체들은 적극적으로 협력하지 않았다. 사실 비휴머노이드 지성체들은 우리 초은하단에서 비롯되기는 했지만 그 고향 은하계가 모두 달랐고 각자의 부모 은하계와 연락을 취하고 있었다. 그들은 우리 은하계를 떠나고 싶은 생각도 별로 없었고 창조의 주체가 되려는 의지도 약했던 것이다.

마지막으로 진행된 프로젝트는 인간과 비슷하게 생긴 지성체 생물을 만들어 입식하는 작업이었다. 그렇게 만들어진 생물들을 편의상 네오 안드로이드라고 불렀다.

네오 안드로이드들은 아직 영체합체가 이루어지지 않은 순수한 동물 수준의 인조인간들이었다. 단백질 유기체가 아닌 특수 고분자 유기화합물로서 그 은하계에 공통적으로 존재하는 유전자로 이루어졌으며 일종의 세포 단위로 구성되어 있었다.

엄밀한 의미에서 그것을 세포라고 부를 수는 없다(세포란 단백질 유기체에만 통용되는 이름이기 때문이다). 또한 그것들은 유성생식을 통한 자연생식의 방식을 택하도록 설계되었다.

각각의 성단에 암수 100쌍씩 모두 2400여 개체의 새로운 네오 안드로이드들이 12개의 행성에 입식될 준비를 마치고 대기상태에 들어갔다.

그것들이 입식될 당시는 생존 프로그램만 입력되었기 때문에 환경을 개척할 능력이 전혀 없었다. 따라서 그들은 신화 속의 에덴동산처럼 생존 환경이 완벽하게 갖춰진 지역에서 새로운 삶을 시작해야 했다. 그들의 무의식 속에는 학습능력 프로그램이 내장되어 있었다. 그들이 어떻게 생육하고 번성하는지 한동안은 그냥 지켜볼 예정이었다.

지구 연대로 따지면 서기 2860년대에 네오 안드로이드를 새로운 행성에 입식하기 위한 작업 계획이 모두 구체화되었다. 그리고 네오 안드로이드들이 최대한 빨리 입식을 시작할 수 있도록 그 은하계 중심에 거대한 인공행성을 마련했다. 그 행성의 크기는 약 10억의 인구가 쾌적한 생활을 할 수 있을 정도였으며 그 크기는 우리 태양계의 화성과 비슷했다.

이 모든 프로젝트가 완성되고 실제로 네오 안드로이드들이 입식을 시작하게 되기까지는 그로부터 약 140여 년이 지나야 했다. 우리 은하계 최고의 첨단기술을 동원해서 한 은하계 내에 우리의 피조물들을 입식시키는 데 140여 년의 시간이 필요했던 것이다.

언제쯤 네오 안드로이드의 육체가 영체를 만들어낼 것인지는 그 어느 누구도 알 수 없었다. 그것은 우리 휴머노이드를 창조한 창조주들과 우리 초은하단의 최고도 지성체인 신들의 영역이었기 때문이다.

아직도 우리 휴머노이드들은 영체창조의 학문인 10차원공학 이상의 학문을 알 수가 없다. 그것은 어디까지나 안드로메다 성인들이 맡아서 해야 하는 역할이었다. 안드로메다 성인들은 영체를 창조할 수는 없었지만 일단 우리 은하단을 비롯해서 초은하단 내에 거주하는 모든 영체들을 관리하는 관리자로서 그 영체들의 진화와 교육을 위한 프로그램을 작성해왔다.

오직 안드로메다 수준 이상으로 진화한 영체들만 스스로의 길을 선택하고 있는 것이다. 그러한 영체들은 우리의 초은하단에 거주하는 전체 영체들의 숫자에 비하면 극소수에 해당되었다. 또한 그들이 초은하단 내에 거주하는 이상 대부분은 안드로메다 은하계 내에 있는 행성에 거주하고 있었다.

대부분의 은하계는 그 나름의 종교를 갖고 있었는데 공통적으로 그 종교는 내세관을 갖고 있었다. 내세관에서 말하는 극락, 천국 등의 영계는 모두가 실재했는데 그것은 바로 안드로메다 은하계의 거주행성들이었다. 그러한 거주행성들은 무수히 많았고 그것들은 모두 4차원 이상의 물질로서 에너지와 물질의 중간 단계인 에테르 상태로 이루어져 있었다.

에테르계는 순수한 에너지와 물질계의 중간 차원으로서 중세 지구의 일부에서 한때 크게 유행했던 불교라는 종교의 경전에 비교적 정확하게 묘사되어 있었다.

그 경전에서는 에테르계를 색계(色界)라 했으며 색계 이상의 차원을 무색계(無色界)라 하며 무색계에 해당하는 세계는 이미 행성 차원이 아니었고 특수한 우주공간을 말했다.

지금에 와서 추측하건대 우주의 외곽인 은하계 네트워크 사이에 존재하는 중간계가 무색계에 해당할 것이다. 또한 이 우주가 새롭게 생성될 때마다 언제나 그 원초적 에너지로 응축되어 있는 세계가 존재하는데 그것이 무색계마저 초월한 세계, 즉 하보나계라고 추측된다. 하지만 아직 하보나계에 대한 자세한 사항은 우리 은하계가 잘 모르고 있다.

　　현재 우리의 생각으로는 우주 외곽에 형성된 여러 은하계들에 거주하는 영체들이 물질계인 욕계에서 시작해서 색계(에테르계)를 거쳐 무색계로 이르는 여정을 영체의 궁극적인 진화 과정이라고 여기고 있었다.

　　네오 안드로이들에게 이러한 영체가 깃들게 되는 날, 그들도 존재로서의 무게를 갖게 되며 비로소 이 우주의 존재계에 합류할 수 있게 되는 것이다. 그와 동시에 지구인을 비롯한 우리 은하계의 휴머노이드 대표들 역시 창조자의 자리에 오를 수 있게 되는 것이다. 자신의 모습대로 본떠 만든 독립된 지성체를 탄생시켰기 때문에 안드로메다 은하계에 있는 수행행성의 영구 거주민 자격이 주어졌던 것이며, 영체 관리자의 임무를 맡을 자격이 되었던 것이다.

　　그러나 우리 휴머노이드가 창조주의 단계에 이른 것은 결코 아니었다. 우리는 영체가 깃들 수 있는 그릇만을 만들 수 있었을 뿐이며 영체 자체는 창조할 수 없었기 때문이다.

　　우리 휴머노이드들은 온갖 정성을 기울인 우리의 자식들을 굽어 살필 수 있는 위치에서, 될 수 있는 한 과거의 지구처럼 전면적으로 그 거주민을 멸종시키는 일 없이 무사히 착실한 진화와 발전의 단계를 밟아나가길 바랐다. 그동안 자식이라는 의식 차원만 경험하고 있던 우리 휴머노이드들 중 일부가 이제 비로소 진정한 어버이의 의식을 경험하게 된 것이다.

호모 마이트레아스의 탄생

호모 아라핫투스들은 자신들이 거주하는 원시행성을 파라다이스로 만들려고 했다. 낙원 건설과 개척 그리고 휴식만이 최대의 가치가 되었다.

한편 27세기 초부터 대거 지구를 떠난 대부분의 지구인, 호모아라핫투스들은 제2지구 행성과 여러 개의 원시행성에서 파라다이스 건설 작업에 몰두하고 있었다. 그 파라다이스란 인공생태계 건설이었다.

과거에 있었던 지구의 환경 파괴로부터 역사적 교훈을 얻었던 지구인들은 행성 리사이클링 시스템 방식을 도입해서 그들의 인공생태계가 완전한 균형을 유지하도록 설계했다. 그리고 그 설계대로 자신들이 개척한 행성들을 가꾸어나가는 것을 그들의 지상과제로 여겼다.

그들은 삶의 에너지 대부분을 행성들을 가꾸어나가는 데 쏟아부었으며 다른 것에 신경쓸 여유는 없었다. 지구인들은 자신들의 그러한 현실 환경에 대해 무척 만족하고 있었다. 그들은 파괴와 같은 소모적인 일에는 에너지를 쓰려고 하지 않았다. 오직 건설과 개척 그리고 재충전을 위한 휴식만이 그들의 관심사였다. 그들은 불모지의 원시적 행성이었던 자신들의 거주행성을 생존 차원에서 최적의 낙원으로 꾸

미는 데만 전력을 기울였다.

지구인들은 행성개척에 주로 헥사고닉스 수준의 학문을 적용했으며, 가끔 특수한 경우에 헵타고닉스를 응용하는 정도였으므로 학문에서도 더 이상의 진보를 원치 않았다. 그들이 더 이상의 학문 발전을 원하지 않았던 것은 아직도 그들의 영적 수준이 물질과 관계된 삶에 집착하고 있기 때문이었다.

만약 그들의 학문 수준이 그 이상의 차원이 되면 물질과 관계된 삶을 통한 최고의 감각적 쾌락을 즐길 수 없게 된다. 그뿐 아니라 물질계는 궁극적으로 와해되고 삶의 터전은 에테르계로 변하게 된다는 우주의 법칙을 알고 있었기 때문이다. 학문 수준이란 곧 의식 수준을 반영하는데, 5차원공학부터는 의식 수준이 곧 학문 수준이었다. 의식과 학문은 별개가 아니었기 때문이다.

그러한 에테르계 행성은 31세기의 지구 차원에 해당되는 것으로서 그런 차원에 이른 행성은 우리 은하계 전체를 통틀어도 손꼽을 정도였다. 그리고 그런 행성은 수행행성이 될 수밖에 없었는데 이러한 수행행성은 우리 은하단에서는 주로 안드로메다 은하계에 모여 있었다.

다시 말하자면 안드로메다 은하계의 지성체 행성은 대부분 수행행성이었다. 이 수행행성의 형태란 행위로 이루어진 것이 아니라 침묵과 명상으로만 이뤄진 것이다. 거기에서 만일 어떤 사건이나 변화가 일어나더라도 그곳의 영혼들은 끝까지 방관자의 입장만을 고수했다. 죽음조차 하나의 행위가 되었으며 행성과 그 행성의 존재들은 죽음보다 더한 수용성이며, 무위이며, 불행위였다.

지구를 떠난 호모 아라핫투스들은 물질계 우주개척의 전사라는 임무에 집착했고 또 만족해 했다. 그들이 느끼는 쾌락이란 과거 그들의 조상인 호모 사피엔스들이 갖고 있던 욕망보다 훨씬 고상하고 세련된 차원이었다.

한편 자신들의 고향인 지구에서는 기계류가 모두 폐기되었으나, 그와는 다르게 그들은 행성을 만드는 데 기계체 시스템도 적절히 이용하고 있었다. 사실 시스템에 관한 공학이 그 효율을 최대한 발휘하는 것은 5차원공학인 펜타고닉스의 환경 속에서였다. 그 이상의 학문에서는 시스템공학이 잘 맞지 않았다.

그것은 기계체가 갖고 있는 한계인지도 모른다. 기계 시스템의 최소 단위는 역시 바이오 컴퓨터로서 연산처리 단위가 광자 수준이었으며 그 방식 역시 생물체의 신경회로와 같은 병렬접속 방식이었다. 하지만 그것은 어디까지나 기계체일 뿐 생명체는 아니었다.

기계 시스템은 세포처럼 자기 복제나 에너지대사를 하지 못했다. 결국 기계는 기계의 운명을 벗어날 수 없었던 것이다. 그러나 행성개척에서 기계 시스템을 적재적소에 이용하는 것은 무척이나 중요한 것이었다.

29세기에 들어서면서부터 지구인들은 자신들의 몸을 통해 궁극의 인종이라 부를 수 있는 호모 마이트레아스들이 태어나주기를 간절히 바랐다. 호모 마이트레아스의 탄생은 휴머노이드들이 우리 은하계의 주인이 된 이후부터 계속 추구해왔던 오래된 꿈이었다.

호모 마이트레아스는 우리의 창조자에 비견할 수 있는 존재이다.

또한 그들의 탄생은 피조물이 창조자를 완전히 닮을 뿐 아니라 초월할 수 있는 유일한 방법이었다. 오직 그때만이 우주가 발전한다는 주장을 뒷받침하는 근거가 성립될 수 있을 것이었다.

당시의 지구는 우리 은하계 정신문화의 전시장이자 중심이라고 불릴 정도이긴 했지만 지구인 지성의 전체 수준이 당장 호모 마이트레아스와 같은 이상적인 인종을 불러올 만큼 고도의 경지에까지 이르지는 못하고 있었다.

호모 마이트레아스가 탄생하기까지는 거쳐야 할 단계가 있었다. 새로운 은하계에 이식시킨 생명창조 작업을 완수하는 것이 그 첫 번째 단계였다. 그렇지 않고서는 마지막 해결사가 나타나지 않는 법이었다. 그때까지만 해도 대다수의 휴머노이드는 호모 마이트레아스가 어떤 존재일 것인지 잘 이해하지도 못하고 있었다.

은하계에 전해 내려오는 고대 신화를 통해 단순히 이상적인 인류의 형태라는 희망만을 품어왔을 뿐이다. 그런데 정작 그들이 태어나 성장한 뒤에 벌어지기 시작한 일들은 상상을 뛰어넘는 것이었다. 개체성의 소멸을 통해 엄청난 가속도로 존재의 집단 해탈을 이끌어냈기 때문이다.

첫 번째 호모 마이트레아스가 2880년대에 이르러 비로소 지구에 탄생했다. 호모 마이트레아스의 탄생은 지구와 우리 은하계 전체에 최고의 사건이었다. 이들은 지구인인 호모 아라핫투스와 은하연맹의 휴머노이드 대표부 사이에 이루어진 제1세대 유전자 교합을 통해 탄생했다. 그 실험을 시작한 지 80년이 지나서야 현실화할 수 있었던 것이다.

이 프로젝트가 예상보다 늦어졌던 이유는 기술적 어려움 때문만이 아니었다. 완벽한 몸을 만들어놓았지만 거기에 맞는 영체가 깃들지 않았던 것이다. 따라서 영육합체가 일어나기까지 상당 기간 동안 그저 기다리고만 있어야만 했다. 그 기다림의 시간은 예상보다 너무 오래 걸렸으며 무려 80년이란 세월이 지나갔던 것이다.

당시 지구의 인구는 10억 수준을 유지하고 있었다. 순수 지구인 5억과 지구에서 태어난 휴머노이드 우주인 2억 그리고 다른 행성에서 태어나 지구를 방문한 휴머노이드 우주인 3억으로 구성되어 있었다. 그리고 지구를 방문한 휴머노이드 우주인들은 거의 모두가 자신들 고향 행성의 원로급에 해당하는 존재들이었다.

지구인과 우주인의 유전자 합작으로 태어난 첫 세대가 이 은하계에 태어난 순간은 우리 은하계뿐 아니라 은하단 전체에서도 역사적인 순간이었다. 왜냐하면 우리 은하계에서 진화의 종극에 이른 영체들이 우리 은하계를 벗어나기 위해 마지막 육체를 입을 때를 기다리고 있었기 때문이다.

이 고도의 지성체들은 1만 년 이상 육체를 갖지 않은 상태로 존재해왔었다. 그들의 의식 수준에 맞는 육체가 아직 이 은하계에는 없었기 때문이었다. 호모 마이트레야스의 탄생으로 그들은 드디어 공식적으로 은하계에서 물질화할 수 있는 순간을 맞게 되었다. 육체를 갖지 않고 있던 영혼들이 마지막으로 또 한번 크게 도약할 수 있게 된 것이다. 영체는 물질로 이루어진 육체에 깃들지 않은 상태로는 발전할 수 없었다. 육체가 없는 영체란 안드로메다의 행성 같은 에테르계 행성에서 그저 쉬고 있는 상태일 뿐이기 때문이었다.

우리 은하단에서 개체 영체란 어떤 의미에서 하나의 단위 기억체이다. 우주의 흥망에 관계없이 기억을 영구히 사라지지 않도록 담아둘수 있는 최소의 단위체가 하나의 개체 영체인 것이다. 물론 영체란 것은 여러 개가 뭉쳐 집단기억체로도 만들어질 수 있고 또 동시에 여러개로 분열할 수도 있다. 하지만 그것은 특정한 때, 즉 우주가 소멸하거나 새롭게 창조되는 때에만 일어나는 일이다.

어떤 은하계에서 그 은하계가 소멸되지 않고서도 그곳에 속한 일부의 영체들이 스스로 개체성을 초월할 수 있는 일은 우주 역사에서 그리 흔한 일이 아니었다. 그렇게 되기 위해서는 영체의 최종 진화에 맞는 육체가 필요했으며 그 공식적인 경로가 바로 호모 마이트레아스와같은 인종의 출현이었다.

영체가 기계의 기억장치와 다른 것은 기계체란 그 기간이 아무리길다 하더라도 기억 시간이 한정적이고 일시적일 수밖에 없지만, 영체는 발전하며 진화하고 전체를 향해 하나로 되어간다는 것이다. 다시말해서 변화한다.

기계체란 타인의 도움 없이는 처음에 입력된 궤도를 벗어날 수 없다. 자유가 없다는 말이다. 기계체는 파괴되면 그것으로 끝나지만 영체는 소멸된다고 해서 완전히 사라지는 것이 아니다. 깊고 깊은 무의식 상태로 깊이 침잠해서 안식할 수 있다. 그리고 어떤 인연으로 인해그 기억이 살아날 필요가 있을 때 영체는 재생할 수 있다.

따라서 영체가 깃들지 않은 로봇이나 사이보그(인간형 컴퓨터)는

264

아무리 많은 정보를 내장하고 있다 하더라도 존재가 아닌 것이다. 존재의 특성상 일시적 존재란 존재가 아니다. 그것들은 존재계에 합류될 수 없다. 존재는 일단 영원성을 전제로 하는 것이며 정확하게 말해 지금 당장은 영원하지 않다 해도 영원성이 잠재되어 있어야만 하는 것이다.

깨달음을 얻다

소멸을 원치 않는 존재들에게는 '소멸의 천사'들에 의해 소멸이 주어졌다. 개체성을 초월한, 하나이며 동시에 여럿인 그들은 30세기에 일어날 획기적인 사건들에 대해 암시를 주었다.

2890년대에 지구인을 비롯한 우리 휴머노이드들은 초은하단을 여행하다가 우연히 소멸의 천사들을 만나게 되었다. 물론 이후에 알게 되었지만 그런 일에 우연이란 없는 것이다. 그것은 앞으로 지구상에 벌어질 일들을 예견해주기 위한 하나의 전조였던 것이다.

소멸의 천사를 만나면서 그동안 휴머노이드들이 모르고 있었던 사실 한 가지를 알게 되었다.

우리가 알고 있는 우주 법칙에서는 어떤 영체가 하나의 육체에 깃들어서 영구히 존재할 수 없도록 되어 있다. 대부분의 영체 자체는 일단 우주와 함께 태어난 이상 그 우주가 소멸할 때까지는 완전히 소멸되지 않는다. 자신의 개체성을 잃지 않는다는 뜻이다. 그런데 여기에는 두 가지 예외가 있었던 것이다.

첫째는 개인 차원에서 자신의 영혼을 자살과 비슷한 형태로 스스로 어느 정도 소멸시켜버리는 경우가 있다. 매우 드문 일이어서 이런 존재들은 붓다라는 우주적 칭호로 존경을 받았다. 하지만 이들 역시 개체성을 완전히 잃게 되는 것은 아니었다. 그들의 의식 중 아주 일부분은 남아 있어서 개체성이 없는 영혼들의 전체 집단을 주도하는 의식의 역할을 하게 된다. 물론 그것은 그들 스스로가 좋아하는 일이 결코 아니었다. 그들은 완전한 소멸을 원했지만 그렇게 되지 않았고, 그들에게는 다른 영혼들을 지도해야 하는 임무가 주어졌다.

반면 소멸을 원치 않는 존재들에게는 소멸이 주어졌다. 이 우주에 완전한 자유를 누리는 개체는 존재하지 않는다. 어떤 방식으로든지 약간의 제한이 따랐다. 물론 고도로 진화된 지성체일수록 선택의 범위가 넓어서 그보다 열등한 인식능력을 지닌 존재들에게는 완전히 자유로운 것처럼 보일 뿐이다.

하나의 영체가 급속도로 진화하는 과정 중에서 하나의 육체를 계속 발전시켜 붕괴되지 않는 물질로 자신의 육체를 만들고 그 육체 속에서 불사를 꿈꾸는 경우가 있다.

그럴 경우 대개는 어느 정도 자유가 주어지지만 그 도가 지나쳐 자신의 분수를 넘어서며 우주의 진화 방향과 역행하려 할 때에는 그들에게 제재가 가해졌다.

그 제재는 바로 소멸의 천사를 만나 개체성을 잃게 되고 개체성이 없는 영체 에너지의 거대한 무리에 흡수되는 것이었다. 이때 흡수는 해탈을 이룬 전체 의식에 흡수되는 것이 아니라 우주창조 초기의 에너지 상태로 존재하는 영체집단에 귀속되는 것이다.

어떤 의미에서 이것은 진화를 다시 시작하는 것에 해당된다. 마치 불량품을 다시 원료화시켜 완성품을 만드는 공정과 같다.

소멸의 천사는 완성품에 해당되는 해탈한 영혼의 전체 집단에서 파생한 의식의 한 가지 흐름을 대표하는 존재들이다. 그들은 개체성을 가지고 있으면서도 개체성을 초월해 있었다. 따라서 인격을 갖고 있으면서도 동시에 인격이 없는 존재들이었다. 그들은 하나이자 동시에 여럿이었다. 그 의식의 합일 상태는 바이러스나 원생생물들이 서로에게 느끼는 유대감 이상의 것이었다.

이들 소멸의 천사는 다음 세기인 30세기에 벌어질 획기적인 사건들에 대해 많은 암시를 남겼다.

과거에 그들이 집단으로 나타나 여러 명의 지구인들을 만나 가르침을 베푼 적은 한 번도 없었다. 그만큼 30세기는 지구 역사뿐 아니라 은하계 역사에도 특별한 시기였던 것이다.

∞

모성체를 찾으려는 회귀의 노력만큼이나 큰 것이 있다면
자신이 모체가 되고자 하는 것이다.
인류의 존재 목적이 그저 존재 자체이기 때문에
그들의 일은 나선형으로 확장되는
어떤 주기의 반복에 있는지도 모르겠다.
휴머노이드들은 창조자가 되고자 하는 소망을 버리지 않는다.
이것은 어쩌면 휴머노이드들에게 오래 전에 무화된
욕망의 흔적인지도 모르겠다.
그러나 우리의 창조는 소유를 위한 창조는 아니다.
우리 존재는 실존 그 자체가 의미지만,
우리가 만든 창조물들은
어떤 형태로든 타인의 실존에 도움이 되기를 원한다.
그것이 존재의 의미와 기쁨을
최고로 만끽할 수 있는 방법이기 때문이다.

지구 인류는 고대 한 종족의 디아스포라(Diaspora)처럼
은하계 내의 여러 행성으로 흩어졌으나,
자신들의 본질을 잊지 않았다.

∞

그들이 네오 안드로이드라는 피조물의 창조에
심혈을 기울이는 모습에서 우리는 창조의 '모성성'을 본다.
인류가 가장 거룩하고 아름다운 성정으로 칭송했던 덕목말이다.
지구 인류가 그들의 놀라운 진화의 과정과
눈부신 의식 혁명을 거치면서도,
시공을 관통하며 이어온 종교성과 예술혼은
여기에 와서야 비로소 거대한 하나의 실체로서
그 모습을 드러낸 것이다.
그 피조물들은 지구 인류처럼 진화할 수 있을 것인가.
그들이 인류처럼 영원성이 잠재된 존재로 살아갈 수 있다면
자기 창조자들처럼 진화가 가능한 일이 될 것이다.
그러나 진화가 가능하다 해도
그들의 방식이 지구 인류 역사의 반복이 될지,
전혀 다른 길을 선택해 자신들만의 방식으로
자존하게 될지는 알 수 없다.
지구 인류가 그들을 창조하고 생존 환경을 프로그램했음에도
이들에게 영혼을 주어 완전한 존재로 만드는 최종의 단계는
여전히 신의 영역에 속한 것이기 때문이다.

∞

태어남의 과정을 거쳐야 하는 한

그 어떤 존재도 '스스로 있는 자'의 경지에 도달할 수는 없는 것이다.

자기 존재의 정체성을 끊임없이 변화시키면서

창조주의 뜻을 이루려 했던 지구 인류의 고귀한 노력은

우주 주재자의 섭리에 의한 것이기도 했다.

곧 그가 오래전부터 자신의 뜻을 실현해가고 있던 공간인

초록빛 행성, 곧 가이아 킹덤이

특별한 변신을 할 궁극의 시간이 다가오고 있었기 때문이다.

30세기의 지구의 변모는

당신의 상상을 초월하는 것이거나

당신의 예측을 확인하는 종착지가 될 것이다.

그러나 우리는 다시 만날 것이다.

그리고 마지막 남은 30세기의 여행 후 만날 나는

당신에게 이제까지와는 다른 존재로 받아들여질지도 모르겠다.

나와 만남을 지속하는 동안 내 실체에 대해 품었던 의혹,

특히 25세기 이후 증폭되었을 그 의혹의 정체를

확인하게 될 것이다.

우리는 이제 마지막 한 번의 접속만을 남겨두고 있다.

너무나 아쉬운……

30세기
The thirtyth Century

—

지구, 희망의 별이 되다

은하계의 다른 별들과는 달리 지구는 행성 자체가 차원이동을 할 수가 있었다. 희망의 별이 된 지구 출신의 아라핫투스들은 우주 전역으로 나아가 개척에 힘썼다.

30세기는 지구가 3차원 물질공간의 터전으로 남아 있던 마지막 세기였다.

은하계 외곽에는 은하계 생성 초기부터 형성된 오래된 태양계들이 간혹 있었다. 그리고 그중에는 생물체들이 살 수 있는 환경을 갖춘 행성들도 있었다. 지구도 그런 행성 중 하나로서 생태계 조성 연대로 따지자면 이 은하계에서 비교적 오래된 편에 속한다.

대부분의 은하계 행성들은 아주 오래 전에 생물이 살았던 흔적만 있을 뿐 이미 생태계 자체는 대부분 죽음에 이른 상태였다. 그렇지 않은 행성이라도 이미 에너지가 모두 고갈된 상태에서 생태계의 명맥만 유지하고 있었다. 그것은 이미 은하계를 자유롭게 여행할 정도의 문명을 갖춘 지성체들이 대부분 자신들의 고향별을 떠나서 은하계 중심에서 가까운 곳에 있는, 생성 연대가 비교적 어린 편에 속하는 행성들로 삶의 터전을 옮겨버렸기 때문이었다.

대부분의 행성들은 다음 차원으로 넘어가지 못하고 생태계가 고사해버릴 운명에 처한 상황이었다. 이런 일들은 대체로 지구 연대로 따졌을 때 100만 년 전에 일어났던 일이다. 하지만 지구는 그런 과정을 밟지 않았다. 지구에 사는 거주민들의 의식이 집단적으로 종극의 단계에 이르렀기에 행성 자체가 차원이동을 할 수 있었던 것이다. 그만큼 지구는 이 은하계 내에서 희망의 별이 되었던 것이다.

27세기부터 지구를 떠나기 시작한 수많은 호모 아라핫투스들과 안드로이드들은 은하계 각 지역으로 퍼져나가 한창 번영의 시기를 맞이하고 있었다.

호모 아라핫투스들은 주로 지구와 가까운 곳에 제2의 지구를 만들거나, 다른 휴머노이드가 살고 있는 행성들로 이주해서 그곳 거주민들과 더불어 조화를 이루며 살았다. 그에 비해 안드로이드들은 주로 휴머노이드가 살지 않는 은하계 최외곽의 행성들로 이주해갔다. 그것은 기존의 행성 거주민들과의 마찰을 피하고 자신들만의 보금자리를 찾기 위해서였다.

그들의 무의식 속에는 타 인종으로부터 지배를 당하지 않을까 하는 공포가 있었다. 따라서 다른 우주인들과 교제하는 데에도 배타성이 강했다. 그들은 호모 사피엔스의 유전자체계를 그대로 이어받아 감성보다는 지능 쪽이 훨씬 빨리 발달했으며 둘 사이에 균형이 제대로 이뤄지지 않았기 때문이다.

그들은 자신들의 세력을 넓히는 일에 모든 관심이 집중되어 있었다. 삶의 환경이 어느 정도 자리잡히기 시작하자 그 숫자가 급격하게 불어나서 200억이라는 숫자에 이르게 되었다. 그들은 은하연맹과는 또 다른 연합체를 이루었고 안드로이드 동맹이라는 이름으로 자신들만의 결속력을 다지고 있었다.

반면에 다른 휴머노이드계 행성으로 떠난 아라핫투스들은 그곳에서 원주민들과 잘 어울려 살고 있었다. 그들의 유전자는 진화의 속도를 앞당길 잠재력을 지니고 있어서 그곳에서도 무척 인기 있는 유전형질이었다. 또한 지능 못지않게 감성이 발달해 있었기 때문에 감성의 발달을 최우선으로 하는 은하연맹의 추세에도 잘 맞았다.

휴머노이드들은 행성의 원주민들과 함께 어울려 살면서 후손들을 낳았고 처음 지구를 출발할 때의 순수한 아라핫투스들의 혈통은 얼마 남지 않았다. 이들은 자신들의 능력을 바탕으로 각 항성계에서 중요한 위치를 차지했고 그중 일부는 지도층의 역할을 했다.

그리고 특별한 날을 정하여 기념했는데 그것은 바로 그들이 지구를 떠난 날이었다. 행성들 간의 날짜 체계가 모두 달랐으므로 그 기념일은 행성마다 달랐다. 그들은 그 행사를 통해 자신들이 지구 출신이라는 것에 대한 자부심을 잃지 않았다.

모든 것이 빛으로 변하다

새로운 인종인 호모 마이트레아스가 성인이 되기 시작했을 때 지구의 모든 사람들을 대상으로 그들은 자멸 프로그램을 진행시켰다. 개별 기억 단위를 없애고 기억융합을 이끌었다.

2880년대부터 지구에 태어나기 시작한 호모 마이트레아스들의 인구는 30세기에 들어 급격히 불어났다. 이후 그들은 우리 은하계 내에서 집행자라는 별명을 얻었다. 그 이유는 그들이 심판의 주체로서 자신들의 임무를 수행했기 때문이다. 그들은 자신과 자신들의 가족을 심판했다. 그것은 결국 우리 은하계의 모든 휴머노이드들을 심판하는 일이었다.

자기 자식의 몸을 통해 심판의 집행자들을 불러온 행성으로는 지구가 우리 은하계에서 처음이며 어쩌면 우리 은하단 내에서도 처음인지 모른다. 적어도 아직(31세기)까지는 그렇게 알고 있다.

우리 은하단 내의 다른 은하계에서는 안드로메다에서 파견된 특사들이 심판의 역할을 대신했다. 여기서 심판이란 은하계를 소멸시키는 과정을 거치지 않은 채 영체의 개체성을 집단적으로 소멸시켜 초은하단에 거주하는 전체령(소멸의 과정을 거친 영체들의 무리)에 합류시키는 일이었다. 다르게 표현하자면 심판이란 곧 영체의 수확인 것이다.

씨를 뿌린다는 것은 개체화와 소멸의 과정을 아직 거치지 않은 전체령을 개체화시켜 물질계 은하에 입식시키는 것이다. 그리고 뿌린 씨를 다시 거둔다는 것은 개체화된 상태에서 진화의 종극에 이른 영혼들을 다시 전체로 합체시킨다는 뜻이다.

2910년대, 지구에 태어난 호모 마이트레아스의 숫자는 모두 1200

274

만 명에 이르렀다. 그리고 그 첫 세대가 서른 살이 되었을 때 그들은 자신들의 임무를 수행하기 시작했다. 그들은 지구에 남아 있던 모든 사람들을 대상으로 자살 프로그램을 진행시켰던 것이다.

여기서 말하는 자살은 이전의 자살과는 그 개념이 전혀 다른 것이었다. 이전의 자살이란 육체를 죽이는 것이지만 마이트레아스가 전파한 자살은 육체에 관한 것이 아니었다. 그것은 영체를 죽이는 자살이었다.

대부분의 경우 영체 스스로는 자신을 죽일 수 없다. 영체를 죽이는 데는 소멸의 천사의 도움이 필요하다. 영체는 하나의 기억체로서 개체성을 갖고 있는 최소 단위이다. 따라서 영체의 죽음이란 개별 기억 단위를 허물고 전체 기억융합으로 들어가는 것을 의미한다.

또한, 어떤 은하계의 한 행성에서 자멸 프로그램이 진행된다고 할 때 그 행성의 의식 수준은 그 은하계에서 가장 고도한 상태에 이르렀음을 의미한다. 그런데 그 일이 우리 은하계에서는 최초로 지구에서 벌어지게 된 것이다. 지구는 생태계 조성 연대에 비해 지성체 이주 기간을 따지자면 그 역사가 가장 짧고도 또 극적으로 변화해온 행성이었다. 보통은 어느 정도의 문명이 자리잡은 뒤로 짧게는 수만 년에서 길게는 수백만 년씩 특별한 변동 없이 그 상태를 계속 유지해온 행성들이 허다했기 때문이다.

지구에 남아 있던 약 9억 9000만 명의 휴머노이드들은 자신들의 자식인 1200만 명의 마이트레아스가 마련한 자멸 프로그램을 한 단계씩 밟아나갔다.

이 모든 프로그램이 2990년대에 이르러 마무리되었을 때 지구상에는 단 한 명의 개인도 살아 있지 않았다. 오직 하나의 전체만이 존재하는 행성이 된 것이다. 지구상에서 휴머노이드들의 정신만큼은 완전한 합일을 이루었다.

그러한 상태에 이르기 위해 30세기부터는 육체의 죽음을 맞이한 사람이 지구상에는 단 한 명도 없었다. 평상시 같으면 이미 늙어 죽어야 했을 사람도 30세기의 그 100년 동안은 아무도 죽지 않았다.

그들의 정신이 전체와 하나가 됨으로써 그들의 육체는 개체성에서 생기는 에너지의 불균형을 쉽게 극복할 수 있었기 때문이었다. 그리고 이들의 육체는 죽어서 썩는 것이 아니라 점차 투명해지기 시작했다. 육체를 이루는 각 세포의 고유진동수가 차원을 달리하기 시작한 것이다.

인간의 의식이 변형되기 시작하면서 이와 함께 인간뿐 아니라 지구에 있는 모든 생물체의 고유진동수도 변형되기 시작했다. 그것들은 인간과 똑같은 단백질 유기체로 이루어진 세포들이었기 때문이다. 그렇게 지구에 있는 모든 유기체 물질들이 투명성을 갖게 되었다. 또한 모든 건물들이 이미 유기체로 이루어져 있었기에 이것들도 어느 순간 투명성을 지니게 되었다.

3차원적 육안으로 보면 지구의 모든 건축물이 마치 빛으로 이루어진 보석처럼 보이는 현상이 일어났다. 그리고 유기체 물질로 이루어진 모든 동물들 역시 유동성을 갖게 됨과 동시에 투명해지는 현상이 일어났다.

세포의 파동이 변하면서 그 세포가 에너지대사로 연결되어 있는 무생물까지 파동이 변화되기 시작했다. 사람들이 타고 다니는 모든 교통수단 역시 투명성을 지닌 생물체처럼 변모하게 되었다. 많은 사람들이 한꺼번에 타는 거대한 우주선도 형태가 변해서 투명성을 갖게 되었다. 그리고 동시에 여러 가지 색깔들로 이루어진 광채를 뿜어냈다. 그러한 우주선을 탔을 때 그들은 이미 그 우주선을 단위로 하여 하나의 정신을 이루었기에 그 우주선 자체가 한 마리의 생물처럼 변해버렸다.

지구상에 살아 있는 모든 것이 마치 빛의 마술을 부리는 것 같았다. 어떤 세포를 이루고 있는 물질이 그 파동의 가장 본질적인 모습을 보여줄 때 영롱하게 빛나는 보석의 형태로 비춰지기 때문이었다.

모든 도로들도 황금빛으로 빛나는 특수한 금속의 모양을 띠게 되었으며 바다 역시 그 속에 있는 미세한 플랑크톤들의 광채 때문에 맑고 투명한 보석이 녹아 있는 듯한 오색의 액체로 보이게 되었다.

사람들의 개체성이 사라지면서 동시에 정신이 정화되어 세포에 생겨날 수 있는 모든 질병들이 자취를 감추게 되었다(사실 말이 사람이지 최초로 사람이라고 불렸던 호모 사피엔스들에 비하면 신이나 다름없는 존재들이었다). 질병이란 정신과 육체의 부조화를 말하는 것이다. 또한 그 부조화는 정화되지 못한 정신의 부정적 염파로 인해 야기되었던 것이다.

이제 지구상에는 어떤 죽음도 없게 되었다. 죽음이란 개체성의 특징이었다. 지구란 행성 자체가 하나의 의식으로 완전히 통합되었고 또한 행성이 갖는 고유한 개체성도 잃게 되었다. 이제 지구가 속한 태양계가 완전히 사라져버리지 않는 한 지구 안에 거주하는 모든 생명체가 영원성을 누리게 되었다.

세포가 영원성을 가진 이상 그 세포는 자기 복제를 해야 한다는 당위성도 자연히 떨쳐버릴 수 있었기 때문에 모든 생식활동을 멈추게 되었다. 이제 지구는 완전히 새로운 차원의 땅과 새로운 차원의 하늘을 갖게 된 것이었다.

타키온 그리고 소멸

개체의식을 소멸시킨 지구는 신의 행성이 되었다. 물질 차원의 의식을 벗어던진 지구에는 은하계의 신이 주재하는 신탁이 생겨난 것이다. 그러나 아직도 근원을 만나볼 수는 없었다.

27세기 말에 잠깐 지구에 나타난 적이 있었던 소멸의 천사도 다른 은하단에서 일종의 마이트레아스 역할을 하는 존재였다는 사실을 알게 되었다.

그때까지는 소멸의 천사에 대한 소문만 있었을 뿐 그들의 정체를 몰랐기에 우리 은하계에 거주하는 생명체들은 그 존재를 영혼사냥꾼이라는 이름을 붙일 정도로 무척 두려워했다. 하지만 이제 그들을 더이상 두려워할 필요가 없게 되었다.

그들은 은하계의 장벽을 넘나들면서 개체성의 죽음이 필요한, 전체의식으로의 합류가 필요한 단계에 이른 영혼들을 소멸시켰다. 그리고 그 과정에서 어쩔 수 없이 육체의 죽음이 필요했다. 환경과 조화가 되

278

지 않는 한 육체는 존속할 수 없기 때문이었다.

하지만 지구에서만큼은 육체의 죽음 없이 개체의식의 소멸을 이루어내는 것이 가능해졌다. 그것은 생물체가 그 모든 환경과 함께 동시에 집단적인 개체의식의 소멸을 이루어냈기 때문이다. 그리하여 지구는 신의 행성이 되었다. 우리 은하계에 신이 주재하는 신탁이 생긴 것이다.

신탁이 있는 행성은 은하계 내에서 유일하게 지구뿐이었다. 그리고 지구에 거주하는 모든 존재들은 영원성자의 현신이 되었다. 하나의 개체성을 가진 인간이 신의 현신으로 되는데 거쳐야 할 매개자가 있다면 그것이 곧 마이트레아스라는 존재였다. 그리고 이 존재는 우리 은하단에서 지옥의 사자, 소멸의 천사, 집행자, 심지어는 영혼사냥꾼 등등의 모든 공포스런 이름으로 불려왔던 영적 존재들의 실체였다.

이러한 영적 존재들은 하나의 영혼이 진화하여 도달할 수도 있고 혹은 우주에 출현할 때부터 그렇게 만들어져 있을 수도 있었다. 어쨌든 이러한 존재들의 영적 수준이 이 우주 전체의 궁극적 상태는 아니더라도 적어도 우리 은하단 내에서는 가장 고도한 단계의 지성체들인 것은 틀림없다.

마침내 지구에 거주하는 이들의 합일된 의식체는 다른 은하계의 원조 요청에 도움을 베풀어줄 수도 있었고, 경우에 따라서는 그 의식체의 일부가 다시금 개체성을 입고서 어떤 은하계에 가서 물질화되어 지도자로서 그들을 가르치고 다스릴 수도 있었다. 지구 역시 고대에는 이와 유사한 신정정치의 시대가 있었다.

이제 지구는 우리 은하계뿐 아니라 지름이 약 1500만 광년이고 수천 개의 크고 작은 은하들이 속해 있는 우리 은하단을 통틀어서 가장 획기적인 행성 진화의 모델이 되었다. 이제 모든 의식체의 3차원적인 눈에는 아티샤 플래닛인 지구의 형체가 보이지 않았다. 태양계 제3행성이 갑자기 태양계 내에서 사라져버린 것이다. 그리고 항성도 아니면서 스스로 빛을 발산했다. 하지만 그 빛은 태양광선에서 나온 가시광선의 형태가 아니어서 육안으로는 볼 수 없는 이상한 행성이 되었다. 그리고 더 이상 태양의 에너지를 받고 살아가는 행성이 아니었다.

태양에서 불어오는 대부분의 광입자들은 지구를 관통해버렸다. 지구는 태양의 광입자들이 가지고 있는 주파수와는 영역이 다른 빛을 발산하고 있었던 것이다. 그 빛은 타키온의 입자라 불리는 빛이었다.

그것이 펼쳐진 세계는 빛의 속도를 초월했다. 그리하여 시간의 제약을 받던 공간에서 완전히 사라져버린 것이다. 하지만 그 존재마저 사라진 것은 아니었다. 다시 말하면 지구는 고대 경전에 나오는 천상의 세계가 된 것이다.

그것은 3차원 세계에는 존재하지 않는, 4차원 이상의 세계에 존재하는 것이 되었고 이러한 차원은 우주를 이루는 은하 네트워크 사이에 있는 초공동이라 불리는 공간과 연결될 수 있었다.

초공동 사이로 들어가면 하보나라는 중앙 우주가 존재한다는 가설이 있다. 그것은 시공간의 여행으로는 결코 도달할 수 없는 곳이며 아직도 확인할 수 없는 것이지만 최초의 우주 창조주가 거주하는 곳이라는 것이 우리 은하단에 퍼져 있는 전설이다.

이 전설의 출처를 알 도리가 없지만 어쨌든 그 전설에 의하면 지금의 우주는 130번째로 폭발한 하나의 빛나는 작은 공과 같다는 것이다. 물론 129번째의 우주가 수축했다가 다시금 폭발한 것이다. 작다고 하는 공의 반지름은 무려 150억 광년이 넘는다. 그리고 현재 우리가 볼 수 있는 모든 은하계들은 그 공의 표면을 그물처럼 둘러싸고 은하 네트워크를 이루고 있다. 은하 네트워크는 수천 개의 무수한 마디들로 이루어져 있는데 그중 한 마디가 초은하단이다.

다시 말하자면 우주라는 암흑의 공간은 은하 네트워크라는 빛나는 둥근 그물로 인해 내부의 암흑과 외부의 암흑으로 나뉘어 있는 것이다. 그리고 그 내부의 암흑 속으로 들어가면 두 개의 네트워크가 더 존재한다. 물론 그 네트워크도 빛으로 되어 있다.

가장 중심에는 우주를 폭발시키고 팽창시키는 원초적 힘이 내재되어 있다. 그 원초적 힘은 빛 덩어리 그 자체다. 그 원초적 힘이 수축을 시작하면 우주는 소멸하며 그때 모든 분산되어 있는 개체성의 영이 합쳐져서 중심으로 향한다. 그리고 그 수축이 종극에 이르는 순간 다시 폭발한다. 그러면 그때 다시금 영들이 탄생하는 것이다. 그리고 그 영들이 육체에 깃들면서 영체를 만들어내는 것이다.

그리고 한 번의 폭발은 세 번에 걸쳐서 일어났는데, 첫 번째 폭발할 때 우주공간에는 작은 네트워크가 생겨났다. 그리고 두 번째 폭발하여 첫 번째보다 더 큰 네트워크가 생겼다. 그리고 마지막 세 번째로 폭발하여 현재 우리가 볼 수 있는 모든 별들이 생겨난 것이다.

한 번 폭발할 때마다 영들이 각기 분화된다. 그리고 마지막 세 번째 폭발에 이르러서야 완전한 개체성을 이룬 영들이 생겨나서 그것이 전 우주에 걸쳐 편재하게 되는 것이다. 물론 여기서 전 우주라고 하

281

는 것은 세 번째 네트워크일 뿐이다.

우리의 인식능력으로는 첫 번째나 두 번째의 네트워크 우주를 상상할 수 없다. 그리고 우리는 지금 이 세 번째 네트워크가 웜홀이라 부르는 무수한 타임터널로 연결되어 있음을 알고 있다. 앞으로 언젠가는, 어쩌면 멀지 않은 미래에 우리 은하계 휴머노이드 인류는 이 네트워크 곳곳을 육체를 가진 상태로 여행하리라고 믿는다.

하지만 지금 우리의 능력으로는 수천 개의 초은하단 중에 하나를 겨우 여행할 수 있을 뿐이다. 그것도 아주 최근에 들어서야 가능한 일이었지만 말이다. 어쩌면 초공동이라는 암흑 세계를 빠져나가 두 번째나 첫 번째 네트워크에 이를 수 있을지도 모른다.

초공동 내부에 어떤 타임터널이 있는지는 알 수 없지만 그것을 발견하지 못하는 한 두 번째 네트워크에는 도달할 수 없을 것이다. 광속으로 달리는 우주선을 타고서도 수십억 년을 항해해야 할 것이기 때문이다. 아니 그보다 더 걸릴지도 모른다. 두 번째 네트워크도 광속으로 늘어나고 있기 때문이다.

그러나 방법이 전혀 없는 것은 아니다. 우리(은하계 휴머노이드)를 만든 창조주들이 발견해낸 방법인 영체여행이 바로 그것인데 물론 영체여행에도 한계는 있었다. 우리 조상들이 스파이마를 복용하고 체험했던 초기의 영체여행은 고작해야 태양계 안을 떠도는 것이었다. 그리고 최근 1, 2백 년 동안에는 소마를 통해서 성단그룹이나 드물게는 은하계 내를 여행할 수 있을 정도였다.

영체여행은 실제적 통신이 가능한 지역 안에서만 가능하다는 한계가 있었다. 영체 역시 일종의 에너지로 이루어진 물질이기 때문이다. 이제 지구에 거주하는 마이트레아스들은 집단 영체비행으로 우리 은하단을 넘어 초은하단까지 진출하고 있다. 하지만 이 초은하단을 자유자재로 여행한다고 해도 그것은 이 우주에서 수천만 분의 일밖에 되지 않는 조그만 지역일 뿐이며 더구나 우주의 내부로 들어가는 여행은 아직도 불가능하다.

그러나 우리는 희망을 버리지 않는다. 우리를 창조한 창조주들의 대리자인 안드로메다 은하계 성인들의 가르침에 의하면 이 우주에는 10차원 이상의 학문에 도달한 존재들이 있다고 한다. 그리고 11차원 공학을 이해한다면 초공동을 건너갈 수 있을 것이라고 한다.

지금 우리를 창조한 존재들은 10차원공학의 세계를 알고 있을 것이며 그들은 더 이상 우주선으로 여행하지 않는다. 더 이상 물질문명에 의존하지 않는 것이다. 그들도 육체라고 부를 수 있는 몸을 갖고 있긴 하지만 그 육체 역시 3차원적 물질이 아니다. 다시 말해 3차원 원소로 이루어진 육체가 아닌 것이다. 그들은 단순한 광자로 이루어진 몸을 갖고 있다.

10차원공학이 적용되는 세계는 모든 물질이 광자로만 이루어져 있다. 그것들은 원자구조를 형성시키지 않는다. 그래서 그들은 빛의 존재들이라고 볼 수 있다.

이 빛의 존재들은 세 번째 네트워크에 해당하는 우리의 우주에서 가장 진화된 존재들이다. 또한 그들은 두 번째 네트워크의 중심 우주로 비상하려고 한다. 그러기 위해 그들 자체가 하나의 영으로 완전히 합체되어야 한다. 하지만 그들은 아직 완전한 합일에 이르지 못했다.

완전한 합일에 이르는 날 11차원공학을 이해하게 될 것이고 초공동을 지나 두 번째 네트워크로 들어갈 수 있을 것이다. 그곳은 그들의 근원, 즉 고향일 것이다.

이제 지구는 우리 은하단에서 9차원공학의 세계를 응용할 수 있는 몇 안 되는 존재들이 거주하는 곳이 됐다. 그리고 우리의 창조주들처럼 11차원공학의 세계를 꿈꾸며 10차원공학을 이해하고자 한다. 하지만 그렇게 되기까지는 무수한 시간이 필요했다.

지금은 제1세대 호모 마이트레아스라는 존재가 되어서 지구에 거주하는 영체이지만 사실 우리들 모두가 아주 오래 전부터 은하단 내부에서 그러한 임무가 주어질 때를 기다려왔던 존재들이다.

한 집단의 영체가 세 번째 네트워크에서 생성되어 물질 육체에 깃들기 시작하면서 약 56억 년(지구시간 기준)이 지나야 다시 완전한 합일을 이루어 두 번째 네트워크로 들어갈 수 있다고 한다. 이 시간을 예부터 1겁이라고 불러왔다. 지금 우리 은하계에서 가장 최초로 육체라는 물질화를 이룬 존재들은 그러한 상태로 진화를 시작한 지 막 55억 년을 넘어섰다. 그리고 우리 은하계 내부에 사는 모든 지성체의 영혼들이 마이트레아스의 경지에 도달하려면 앞으로도 약 1억 년 정도가 더 필요하다.

물론 우리의 창조주들은 우리와 동시대에 탄생한 영혼이긴 하지만 우리보다 약 1억 년이 앞서 있다. 육체를 지닌 차원에서 지성의 역사를 일궈낸 것이 우리 은하계는 1억 년밖에 되지 않았기에 어쩌면 그 1억 년은 엄청나게 앞서 있는 것인지도 모른다. 앞으로 지구의 마이트레아스들이 우리 초은하단에서 주인노릇을 하면서 살아갈 기간이 1억 년이라는 계산이 나온다. 그 1억 년이 다 채워져갈 어느 날 우리의 물질 육체는 광자로만 이루어진 빛의 몸으로 바뀌고 영원한 생명을 누리게 될지도 모른다.

물론 가끔이긴 했지만 과거에 자신의 영체를 스스로 죽여서 영생의 대열에 참가한 특출한 개성체들이 있다. 예부터 그들을 일러 우리 은하계에서는 붓다라고 불렀다. 그들은 굳이 56억 년을 다 채우지 않아도 스스로 자신의 개체성을 소멸시킬 수 있었다. 개체성을 소멸시켜 전체령에 합류했다고 해도 두 번째 네트워크로 바로 들어갈 수 있는 것은 아니었다. 때가 올 때까지 기다려야만 했다. 하지만 우리 은하계에서 이렇게 지금처럼 집단으로 개체성을 소멸시킬 수 있었던 적은 한 번도 없었다.

지구 연대로 서기 30세기가 되었을 때 우리는 스스로 개체성의 집단 소멸을 시도할 수 있었다. 그 결과 31세기는 이 지구가 붓다들의 공동체 거주행성이 된 것이다.

우리 은하계에서 이 사건은 매우 역설적인 일이었다. 사실 지난날들을 돌이켜보면 지성체가 사는 행성치고 지구만큼 붓다가 귀한 행성이 없었다. 지구 인류를 통틀어서 한 세기에 한 명도 되지 않았다. 물론 21세기부터는 좀 많아졌지만 말이다. 하지만 지구 정도의 인구였다면 다른 행성에서는 한 세기에 열 명 정도는 나오는 것이 은하연맹의 전반적인 평균치였던 것이다.

세기말, 그리고 두 번의 전쟁

비이스트 시스템이 다시 침략해왔다. 그러나 그들은 소멸의 천사들에 의해 거대한 공동 속으로 빠져들어가 소멸되었다. 핵을 사용한 안드로이드들은 핵으로 진압되었다.

2950년대에는 우리 은하계를 점령하려는 비이스트 시스템의 강력한 군단이 우리 은하계로부터 얼마 떨어지지 않은 곳까지 다가왔다. 그들의 대부분은 다른 은하단에 근거지를 두고 있었으며 우리 은하단에도 잔존 세력이 어느 정도 남아 있었다.

우리 은하계로 들어오는 웜홀을 미리 봉쇄해버렸기 때문에 그들은 일단 마젤란 성단을 점령하고 소마젤란 성단의 타임터널을 통해 우리 은하계의 중심으로 곧바로 진입하려 했던 것이다.

그들은 우리 은하단에 남아 있던 모든 비이스트 시스템의 세력들을 규합해서 우리 은하계와 안드로메다 은하계 중간 지점인 약 100만 광년쯤까지 다가와 그곳에 머물러 있었다. 대마젤란 성단이 그 사실을 발견하고 우리의 은하연맹에 알려왔다.

은하연맹은 곧바로 전시체제로 들어섰다. 비이스트 시스템과의 전쟁은 그야말로 우리 은하계에서 손꼽는 성전이라 부를 만한 것이었다. 그것은 단백질 생물체끼리의 싸움이 아니었기 때문이며 또한 그것이 우리의 진화를 위해 만들어진 안드로메다 성인들의 프로젝트에는 없었던 일이었기 때문이다. 그것은 오로지 외부의 침입에 대한 항거이자 피할 수 없는 전쟁이었다. 결국 일전을 불사할 수밖에 없는 상황이었던 것이다.

과거 26세기에 지구인들에게 크게 패퇴한 뒤로 비이스트 시스템은 지구와 우리 은하계를 점령하기 위해 치밀한 계획을 세워왔던 것이다. 그들은 주위에 어떤 별이나 운석군도 없는 텅빈 곳에 진영을 이루고 있었다.

그들의 규모는 작은 태양계를 연상할 정도로 거대했다. 얼핏 보기에는 평범한 태양계처럼 모두 행성으로 이루어져 있었는데 자연적인 태양계와 다른 점은 인공행성과 각각의 인공행성들이 모두 마음대로 궤도를 이탈하거나 속도를 조절하며 움직일 수 있다는 점이었다.

우리 은하연맹은 12개의 성단그룹에서 가장 성능이 좋은 우주선들과 정예 요원들을 선발하여 연맹군을 만들었다. 우리에게는 더 이상 안타레스계 성인들과 같은 전투용 안드로이드들이 없었기 때문에 새로운 개념의 방어수단을 갖추어야 했다.

제일 먼저 사용했던 방법은 그들의 시스템을 원격으로 교란시키는 것이었지만 비이스트 시스템은 이미 모든 전파들을 사전에 걸러내어 막을 수 있는 조치를 취해놓았다. 그들은 막대한 양의 에너지를 전파에 실어보낼 수 있는 에너지 충격파라는 최고의 무기를 이미 오래전부터 능숙하게 다루고 있었다.

결국 휴머타트들이 동원되었다. 대규모의 공세로 혼란한 틈을 타서 휴머타트들의 염력을 이용한 시스템 교란작전을 벌였다. 하지만 번번이 우리 연맹군의 우주선이 가까이 다가가기도 전에 에너지 충격파 때문에 모두 파괴되고 말았다. 우리 은하계는 순식간에 위기에 봉착했다.

그때 안드로메다계 성인들이 소멸의 천사들에게 구원을 요청했다. 그 상황에 대해 준비를 하고 있던 그들은 곧바로 도움의 손길을 뻗어

왔다. 그것은 하나의 마술이었다.

갑작스럽게 텅빈 공간에 거대한 구멍이 열렸다. 그리고 그 구멍을 통해 가스로 이루어진 하나의 거대한 성운이 생겨나 천천히 비이스트 시스템의 인공행성계를 감쌌다. 잠시 후 성운은 다시 그 구멍 속으로 빨려들어갔다. 그리고는 아무것도 없는 텅 빈 공간으로 나왔다. 잠시 후에 대폭발이 일어나고 그것으로 끝이었다.

그 후에 남아 있던 모든 비이스트 시스템의 세력들 역시 같은 방식으로 멸절시켜버렸다. 텅 빈 공간이 비이스트 시스템의 무덤이 된 것이다.

다시는 존재할 수 없는 완전한 폭발, 불구덩이 그 자체였다. 비이스트 시스템에게는 영체란 것이 없었기 때문에 욕계 차원인 물질계에서 사라지면 그것으로 끝이었다.

그 후 비이스트 시스템은 현재의 우주가 존속하는 한 자신들만의 은하단 밖을 영원히 나올 수 없다는 교훈을 체득하게 되었다. 하지만 그러한 교훈이 언제까지나 지속될지는 아무도 알 수 없는 일이었다. 어쩌면 우리의 초은하단을 넘어선 어떤 곳에 그들을 지원하는 세력이 있을지도 모르는 것이다. 은하계는 약 30여 년 동안 혼란이 지속되다 2980년대에 다시금 평온을 되찾았다.

비이스트 시스템과의 전투에 비하면 사건이라고도 부를 수도 없는 정도의 미약한 것이었지만 지구 출신의 휴머노이드(호모 아라핫투스)들에게는 한 가지 걱정거리가 생겨났다.

은하연맹이 비이스트 시스템 문제로 어수선해져 있던 와중에 지구를 떠났던 안드로이드들이 자신들의 세력을 키워 말썽을 일으켰던 것이다.

세력이 비대해진 그들은 2970년대부터 본격적으로 은하계 내에서 분쟁을 일으키기 시작했다. 은하계 외곽으로 퍼져 있던 그들의 수는 1000억에 달했고 그 거주 행성의 수도 100개가 넘었다. 그들은 왕성한 정복욕을 앞세워 다른 생물체가 살고 있는 행성들을 정복하기 시작했다.

그 행성에 거주하는 대부분의 생명체는 일반 파충류나 곤충류에서 진화한 생물체들로서 아직 우주선조차 만들지 못하는 정도의 문명 상태를 유지하고 있었다. 안드로이드들은 그들을 점령하여 노예로 삼고 그 행성에 있는 희귀 광석들을 수탈했다. 그 과정에서 이해관계가 얽혀 자신들끼리도 분쟁을 일삼고 있었다.

안드로이드들은 감성교육보다는 지능개발 위주로 자식 세대들을 교육시켰기 때문에 호모 사피엔스의 유전자 속에 잠재해 있던 야수성이 발현되었던 것이다.

은하연맹은 오랜 선사시대부터 지구에 여러 가지 유전자조작 실험을 했던 적이 있었다. 그 과정에서 동물들과의 유전자 교환으로 인해 정화되지 못한 야수성이 호모 사피엔스의 유전자체계에 깊숙이 숨어 들어갔던 것이다. 그 유전자가 결국 호모 사피엔스의 유전자를 주축으로 만들어진 안드로이드들에게 그대로 전해진 것이다.

도발의 기간은 30여 년간 계속되었다. 결국 은하연맹에서는 이들의 침략행위를 그대로 보고 있을 수가 없었다. 은하연맹은 안드로이드 동맹을 징벌하기 위해 또다시 연맹군을 모집하게 되었다. 은하계 전쟁이 종식된 지 약 100만 년 만에 처음으로 은하계 내부의 휴머노이드들끼리의 대규모 전쟁이 일어나게 된 것이다.

결국 지구 연대로 서기 2999년에 은하연맹군은 핵폭탄을 사용하여 전쟁을 일으킨 몇몇 행성을 초토화시켰다. 그것은 한때 과거 지구의 소돔과 고모라를 멸망시킬 때 사용한 핵폭탄이었다. 수십억의 안드로이드들이 멸절당하고 나머지 안드로이드 행성들이 무장해제를 당한 뒤에야 비로소 그 분쟁이 해소되었다.

무장해제의 방식은 안드로이드들이 사용하던 컴퓨터 시스템에 자폭장치를 부착하여 우주선과 통신장비를 포함한 컴퓨터를 사용하는 모든 기계 시스템을 파괴하는 것이었다.

더 나아가 특수한 바이러스를 유포해 대뇌의 지적능력을 현저하게 퇴보시켰다. 결국 그들의 물질문명은 지구로 따져서 약 수천 년 전의 상황으로 퇴보했다. 그들이 스스로의 힘으로 원래 수준의 물질문명을 회복하려면 수천 년에서 수만 년이 걸릴지도 모를 일이다.

그들이 벌인 침략전쟁 30년의 기간 동안 휴머노이드가 거주하지 않는 수십 개 행성의 생명체들은 멸종 위기를 맞거나 그 수가 현저하게 감소되는 상태에 이르렀다. 안드로이드들이 자신들의 말을 듣지 않는 행성에 핵폭탄을 사용했기 때문이다. 결국 안드로이드는 핵을 사용했다가 핵으로 멸망한 꼴이 된 것이다.

만약 그들이 핵무기만 사용하지 않았더라도 그토록 무참한 제재를 받지는 않았을 것이다. 우주연맹에서는 행성 자치의 원리에 입각하여 재래식 무기를 통한 정복은 어느 정도 방관하는 것이 상례였다. 그것이 은하계가 힘의 균형을 자연스럽게 유지하기 위한 일종의 생존경쟁

원리라고 보기 때문이었다.

그러나 어떤 행성의 거주민이라도 그들이 핵무기를 사용하여 다른 행성을 멸망시키려고 할 때에는 용서받지 못한다는 것 또한 은하연맹의 불문율이었다. 은하연맹이 지금부터 약 100만 년 전에 우리 은하계가 대규모 핵전쟁의 뼈아픈 경험을 거치고 난 뒤에 창설된 기구였기 때문이다.

이 사건으로 지구인들뿐 아니라 은하계 전역에 거주하는 지구 출신의 호모 아라핫투스들은 뼈아픈 교훈과 함께 상당한 자책감을 갖게 되었다. 안드로이드를 함부로 제작한 결과에 대한 보상이었던 것이다. 이미 오래 전부터 은하연맹은 우리 은하계 내에서 안드로이드를 제작하는 일에 신중했다.

사실 따져보면 은하연맹을 구성하고 있는 휴머노이드계 인류 모두의 책임이었다. 그들이 지구에 호모 사피엔스를 만들어내면서 생겨난 부작용으로서 언젠가는 반드시 겪어야만 할 과제이기도 했던 것이다. 그리고 앞으로도 이런 악몽은 재현될 가능성이 얼마든지 있는 것이다. 우리 은하계가 완전히 진화되지 않는 한은 말이다.

이는 우리 은하계가 아직도 우리의 창조주들이 사는 은하단에 비해 젊은 편에 속하기 때문인지도 모른다. 모든 격동이 물러간 뒤 서기 3000년 휴머노이드들은 모처럼 평온한 아침을 맞이하게 되었다. 미래를 전망해볼 때 그 평온함은 격동의 와중에서 일시적으로 찾아온 것이 아니라 항구적인 성향을 띤 것이었다.

문제를 일으킬 만한 소지를 가진 것들은 이제 모두 해결되었고 휴머노이드들은 오직 자신들의 영적 진화에만 힘을 쏟아야 할 시기를 맞이한 것이다.

그들은 이제 지구라는 안내자의 별을 갖고 있다. 그 별에는 마이트레아스라고 하는 성자들이 상주하면서 기꺼이 휴머노이드들을 도울 것이다. 그리하여 우리 은하계도 언젠가는 안드로메다 은하계처럼 수행행성으로 이루어진 곳이 될 것이다. 가까운 미래에 우주가 수축폭발을 일으키지 않는다면 말이다.

∞

비로소 모든 비밀이 풀렸다.

당신은 지금 내가 프로그램한 게임의 세계에 들어와 있다.

이 게임은 당신이 이 책을 펼치고

첫 기호를 읽는 순간 시작되었다.

당신이 열 번의 예정된 만남을 지속했다면

나에 대해 어느 정도 파악했겠지만

느닷없이 이 자리에서 나와 맞닥뜨린 사람은

좀 당황스러울지도 모르겠다.

그러나 그런 사람이야말로 내 프로그램을 가장 잘 파악하고

최대한 즐긴 사람이다.

서기력 3000년까지 이르는 시간을

두 개의 경로로 단순하게 프로그램화한

이 게임의 이름은 '미래의 기억'이다.

이 게임은 당신이 이미 지니고 있는 무한한 잠재력을

어떤 쪽으로든 확장시키기 위해 고안되었다.

따라서 이 게임이 당신의 의식과 상상력의 시공을 넓히는 데

조금이라도 도움이 되었다면

∞

프로그래머로서 일차적인 목적은 달성한 셈이다.
그러나 시간 게임의 프로그래머로서 내가 전달하고 싶었던 것은,
이 게임을 통과한 당신이
또 다른 시간 게임의 프로그래머가 될 수 있다는 것이다.

우리의 첫 만남에서 말했듯이 시간이란,
'예', '아니오' 게임처럼 어떤 문을 통해 들어가느냐에 따라
얼마든지 다른 방향으로 전개될 수 있다.
시간 속에는 예측할 수 없을 정도의 순열과 조합에 의해
수많은 문들이 흩어져 있기 때문이다.
처음에는 같은 문을 열고 들어갔으나
그 다음 단계부터 최종 지점에 이를 때까지
한 번도 다시 만나지 못하고
전혀 다른 방향으로 갈 수 있는 것이 '시간의 길'이다.
조금만 관심을 가지고 보면
내가 어떤 시간을 주축으로 프로그램화한 것인지
눈치챘을 것이다.
이 경로는 단지 수없는 시간의 경로 중 하나일 뿐이다.

∞

처음 이 게임을 시작하면서부터 강조했듯이,

당신이 열 수 있는 시공은 무한하다.

당신은 이 프로그램과 전혀 다른

새로운 시간의 통로를 건설할 수도 있고,

이 프로그램 속의 시간을 바탕으로

더 흥미로운 세계를 건설할 수도 있을 것이다.

당신에겐 엄청한 잠재력이 내재되어 있으므로.

나는 지금 우리의 만남을

미래의 또 다른 희망을 잉태하는 것으로 끝맺고 싶다.

다음번에는 내가,

당신이 만든 경이로운 게임을 즐길 수 있기를 기대한다.

Game over!

흔히 우리는 오해를 하고서
이해했다고 생각한다

미래의 일을 과거의 형식으로 쓴다는 것은 시제의 문법을 무시한 행위이다. 따라서 이 글은 어디까지나 미래형의 시제로 쓰여야 했다. 그래야만 말이 되는 것이다. 미래의 일을 과거형으로 쓴다는 발상 자체가 정해진 법칙에 맞지 않는 일이다.

그런데 이 책을 처음 쓰기 시작할 때부터 어쩐지 미래형의 시제가 나에게는 어색하게 느껴졌다. 머릿속에서는 미래형의 시제를 만들었지만 그것을 손으로 옮겨 적고 있는 동안에는 나도 모르게 문장이 과거형의 시제로 표현되어버리는 것이다.

처음에 여러 차례 그런 실수를 발견하고 그때마다 시제를 수정했지만 계속해서 그런 실수를 반복했다.

결국 나 스스로 황당해져서 틀리지 않으려고 애를 쓰면 숫제 아무런 생각도 떠오르지 않았다. 그래서 문장이 떠오르는 대로 열심히 옮겨적다보면 어느새 과거형의 시제로 옮고 있는 것이 아닌가. 할 수 없이 나는 그냥 그렇게 계속 과거형의 문장으로 써나갔다. 그리고는 한 가지 안을 낸 것이 바로 다음과 같은 생각이었다.

서기 3001년,
베가 항성계의 한 행성에서,
지구 출신의 호모 아라핫투스계 휴머노이드 역사학자가
최근 1000년 간의 지구 역사에 대해 관심을 갖는
자기 제자들에게 들려주기 위해 이 기록을 작성하다.

요한묵시록을 위시하여 이 세상에 나온 많은 종류의 예언서들은 과거나 현재의 형식으로 미래를 기술하고 있다. 그 내용이 황당하면 황당할수록 더욱 그러하다. 왜냐하면 그 글의 내용들이 필자 자신의 사고과정을 통해서 만들어진 산물이 아니기 때문이다. 그것은 필자의 논리구조를 거쳐나오기 전에 이미 필자 자신의 눈앞에 펼쳐진 광경이었다. 그리고 자신은 전달자로서 그 광경을 그대로 묘사할 뿐이었다. 그것도 그 상황을 보고 난 뒤에 말이다. 그러니 당연히 과거시제로 쓸 수밖에 없었다. 마치 영화를 보고 감상문을 쓰는 것과 비슷하다. 그리고 그렇게 되었을 때에야 비로소 제대로 된 예언서가 탄생하는 것이다.

다시 말하자면 예언서를 쓰는 작가는 자기도 모르게 영체비행을 한 것이다. 가만히 앉아서 일종의 사이버 공간 속을 잠시 여행한 것이다. 그리고 그 여행기를 쓴 것이 바로 예언서가 된 것이다. 따라서 모든 진짜 예언서는 논리적이지 않다. 아니 절대로 논리적이어서는 안 된다. 왜냐하면 논리는 단순한 사고의 부산물일 뿐 영체비행을 통해 나온 것이 아니기 때문이다.

사고과정을 거친다는 것은 일종의 오프라인 작업이지 온라인 작업이 아닌 것이다. 그리고 모든 오프라인 작업은 한계가 있다. 특히 미래를 예측하는 일이란 오프라인 작업이 되어서는 안 될 것이다. 미래는 오직 온라인 작업만을 통해 표현이 가능한 것이다. 왜냐하면 한 번도 가보지 않았던 사이트를 방문하는 것이기 때문이다.

오프라인 작업이란 반드시 한 번이라도 과거에 방문한 적이 있어야만 가능한 것이다. 따라서 우리에게 펼쳐진 미래를 보고 싶다면 온라인 작업을 하려고 노력해야 할 것이다.

온라인 작업을 하려면 우선 자신의 고정관념이나 편견의 잣대, 다시 말하자면 자신의 논리사고구조를 버려야 한다. 그래야 적어도 싱크탱크에 접속이 가능하다. 자신의 기억저장고에 있는 것만을 고집한다면 접속 자체가 불가능하다.

그런 점에서 보자면 필자의 이 책은 어디까지나 가짜인 셈이다. 왜냐하면 나도 모르게 새로운 천 년의 일을 자꾸 설명하려고 했기 때문이다. 이러한 행위는 나의 사고구조를 거치지 않을 수 없다. 따라서 그만큼 신선도가 떨어지는 제품이 되어버린 것이다. 하지만 그래도 나는 될 수 있는 한 온라인 작업을 그대로 옮겨놓으려고 애를 썼다. 어쨌든 책이란 미술의 추상화와 달라서 사람들이 읽어서 이해가 가능한 것이어야 한다고 생각했기 때문이다. 그것도 나 자신의 고정관념인지 모르지만 말이다.

한편 어떤 사람이 만약 한 번도 들어보지 못하고 꿈에서조차 생각해보지 못한(물론 꿈에서는 보았을 것이다. 그가 깨닫지 못하고 있을 뿐 꿈은 모든 현실의 전조이며 레이더장치이기 때문에 꿈에서 보지 못한 것을 현실에서 미리 보기란 거의 불가능한 일이다) 어떤 물건이나 장면을 최초로 목격했을 때 그는 어떤 식으로 남에게 그것을 전달할까? 만약 그 전달방식이 언어를 통한 표현이라면 어떻게 표현할까? 그런데 표현된 그 언어를 보고 타인이 그 상황을 이해할 수 있을까? 확실하게 말하지만 불가능할 것이다.

이 글을 적어가면서 일관되게 품어온 생각이 하나 있다. 그것은 바로 현재의 논리에 나 자신을 얽어매지 말자는 것이다. 현재의 논리란 지금까지 내가 살아오면서 빌려온 모든 지식의 부산물이다. 그리고 그것은 미래를 이해하는 데 조금도 도움이 되지 못한다. 오직 방해만 될 것이다. 모든 미래를 과거에 견주어 생각해야 하기 때문이다. '온고이지신(溫故而知新)'이란 말이 생각난다. 그런데 이 말은 약간의 문제가 있다. 안다는 뜻의 '지(知)'란 글자를, 오해한다는 뉘앙스를 풍기는 글자로 받아들일 때는 이 말이 만고의 진리가 되겠지만 말이다.

흔히 우리는 오해를 하고서 이해했다고 생각한다. 아니 어쩌면 우리가 새로운 것을 안다는 행위는 자신이 갖고 있는 오해의 틀 속에 그 대상을 푹 담가버린 것일지도 모른다. 따라서 과거에 비추어서 미래를 오해한다는 말이 바로 '온고이지신'인 것이다.

나에게는 서기 3천 년대 이후의 미래에 대해서는 오해할 능력이 도저히 생겨나지 않았다. 그것은 오직 어떤 계기로 그냥 멍청하게 구경을 할 수 있을지는 몰라도 도저히 이해는 하지 못할 것이다. 사실 구경도 약간의 오해력이 있어야만 머릿속에 남을 것이기 때문이다. 전혀 이해, 아니 오해조차 하지 못한다면 기억 속에 남지 않게 될 것이다.

우리가 매일 신나게 꿈을 꾸고도 아침에 일어나면 전혀 기억하지 못하는 것과 같은 원리이다. 황당한 꿈일수록 더욱 그러하다. 우리는 밤마다 영체비행을 하지만 불행하게도 그 장면을 오해할 만한 개념이 없어서 그만 기억화시키는 데 실패하고 만다. 우리의 표면의식이란 그물은 그토록 엉성한 것이다.

사실 나는 이 글을 쓰면서 이야기가 이런 방향으로 전개되리라고는 예상치 못했다. 그리고 그런 상황은 본문의 10개 장을 시작하고 끝내면서 매번 그러했다. 하지만 나로서도 어쩔 수가 없다. 최초의 청사진, 최초의 조감도는 누구도 미리 예견할 수 없는 것 아니겠는가?

글을 끝내려는 마당에 한 가지 소원을 빌어본다. 신께서, 아니면 우주인 누구라도 좋다. 이 자를 불쌍히 여기시어 매일 밤 꿈속에서 만나는 31세기 이후의 정경들을 제발 내 표면의식의 기억망에 걸리게 해주십사 하고 말이다.

그렇게 기도하고나서 내가 할 수 있는 일이란 모든 상식, 모든 절대전제, 모든 공리, 내가 알고 있는 모든 진리를 휴지통에 처박아버리는 것이다. 심지어 지금 몇 시인지 시계를 보며 내 눈에 보이는 분침과 시침의 안식(眼識)까지도 의심해본다. 그것이 혹시 조금이라도 내 기도를 현실화하는 데 도움이 될까 하는 바람의 끝에서 나오는 행위이다. 더 이상의 어떤 행위도 나는 할 수가 없다.

미래의 기억 · 2019년 개정판 ·

초판 발행 2019년 3월 5일

지은이 | 이은래
발행인 | 권오현

펴낸곳 | 돋을새김
주소 | 서울시 종로구 이화동 27-2 부광빌딩 402호
전화 | 02-745-1854~5 팩스 | 02-745-1856
홈페이지 | http://blog.naver.com/doduls
전자우편 | doduls@naver.com
등록 | 1997.12.15. 제300-1997-140호

인쇄 | 금강인쇄(주)(031-943-0082)

ISBN 978-89-6167-251-1 (03400)

값 14,000원